# 山区地表短波净辐射遥感估算

张彦丽 著

科学出版社

北京

# 内 容 简 介

遥感技术已成为地表短波净辐射估算的重要数据源。在中小尺度，除太阳–地表几何关系外，大气吸收散射等大气衰减因素、地形遮蔽等地形因素以及地表各向异性反射特征成为影响山区地表短波净辐射（NSSR）时空分布的重要因素。本书针对山区地表 NSSR 遥感估算方法进行全面、系统的总结，主要内容包括太阳短波辐射与大气及地形的相互作用、大气透过率估算模型、太阳短波辐射估算、山区地表反射各向异性分布函数、高分辨率遥感影像地形标准化、太阳短波辐射与地形标准化尺度效应等。同时，以祁连山大野口流域为研究区，介绍一种山地短波净辐射遥感估算方法。然而，山地冰川短波净辐射遥感估算具有特殊性与挑战性，本书以祁连山老虎沟 12 号冰川为例，介绍一种针对山地冰川短波净辐射的遥感估算方法。

本书的主要读者对象为高等院校和科研机构遥感科学和 GIS 专业的本科生、研究生，同时本书也可作为从事遥感应用及定量遥感反演研究工作的参考用书。

**图书在版编目（CIP）数据**

山区地表短波净辐射遥感估算／张彦丽著 . —北京：科学出版社，2020.9
ISBN 978-7-03-065402-1

Ⅰ．①山… Ⅱ．①张… Ⅲ．①遥感技术–应用–山区–地表–辐射平衡–估算方法　Ⅳ．①P941.76

中国版本图书馆 CIP 数据核字（2020）第 093989 号

责任编辑：周　杰／责任校对：樊雅琼
责任印制：吴兆东／封面设计：无极书装

科 学 出 版 社 出版
北京东黄城根北街 16 号
邮政编码：100717
http://www.sciencep.com

北京建宏印刷有限公司印刷
科学出版社发行　各地新华书店经销

\*

2020 年 9 月第 一 版　开本：787×1092　1/16
2025 年 1 月第三次印刷　印张：11
字数：300 000

**定价：138.00 元**
（如有印装质量问题，我社负责调换）

# 前　言

地表短波净辐射指陆地系统吸收的太阳短波辐射总量，它不仅是地表净辐射的重要组成部分，而且是地表辐射收支平衡的重要参量，还是各种陆面过程模型必要的输入参数。在中小尺度，太阳-地表几何关系、大气吸收与散射等大气效应、地形遮蔽等局地地形效应以及地表各向异性反射特性等因素，使得山区地表短波净辐射具有较强时空异质性。山区地表接收的太阳短波辐射和地表反照率是地表短波净辐射精确计算的关键参数，每一项估算的不确定性将导致较大的误差。卫星遥感产品、高分辨率数字高程模型与山地辐射传输模型结合，为山区地表短波净辐射估算提供了一种有效的手段。

然而，坡度、坡向等地形因素控制山区地表接收到的太阳短波辐射的时空间分布特征，不同大气条件下的气溶胶、水汽等引起的吸收、散射等改变了大气透过率，削弱了到达地表的太阳短波辐射强度，改变了其空间分布。中高分辨率卫星数据记录的辐射亮度是太阳-地表-传感器几何关系大气环境、地表反射特性、地表物理结构等的综合信息，成为山区地表短波净辐射模型的重要输入参数。但是遥感数据记录的辐射亮度信号，尤其是高分辨率卫星辐射亮度数据同时也受大气状况、局地微地形条件、传感器观测以及地表二向反射分布函数（BRDF）的影响。太阳-地表-传感器几何关系随地形变化，太阳实际照射角与传感器实际观测角随地形坡度、坡向而改变，从而使得地表信息失真。在各种遥感新型传感器、全球高分辨率 DEM 数据产品、BRDF 算法发展之下，如何利用多源遥感数据发展山区地表短波净辐射估算的高效新算法成为当前研究的热点。

本书共分 7 章。第一章主要介绍复杂地形区地表短波净辐射遥感估算研究背景及重要意义，分别阐述地表短波净辐射、太阳短波辐射和地表反照率的国内外研究进展及目前地表短波净辐射估算存在的主要问题及机遇。第二章介绍涉及的几种重要的数据处理方法与技术，包括全球高分辨率 DEM 数据产品，基于摄影测量三维立体模型方法提取高分辨率 DEM 数据，对坡度、坡向、天空可视因子等常用地形因子算法的详细描述，MODIS 产品与 Sentinel-2 卫星产品介绍及用户自定义产品数据处理等。第三章介绍山地太阳短波辐射遥感估算原理，以祁连山大野口流域为例，将 MODIS 与 Landsat TM 数据引入山地辐射传输模型，提出一种山地太阳短波辐射的估算方法；基于高分辨率 DEM 数据，讨论了 DEM 在太阳短波辐射估算中的尺度效应。第四章介绍遥感影像地形标准化原理，利用 MODIS 大气产品和 BRDF 产品对 Landsat TM 数据同步进行大气校正和地形校正，获得山地表面真实波谱反射率，为地表真实反照率反演提供基础数据；基于高分辨率 DEM 数据，讨论 DEM 在遥感影像地形校正中的尺度效应。第五章利用现有的窄波段至宽波段转换公式，在遥感影像地形标准化基础上获得地表反照率，从而最终精确估算山地短波净辐射。第六章以祁连山老虎沟 12 号冰川为例，提出一种基于 Sentinel-2 数据的山地冰川表面短波净辐射估算方法。由于 MODIS 大气产品尤其是气溶胶产品在山地冰川往往是无效值，同时 Landsat TM 数据对高反射特性的积雪具有饱和现象，也考虑到一般的山地冰川面积比较小，所以将 Sentinel-2 数据直接替代了 MODIS 与 Landsat TM 数据，估算山地冰川短波净辐射。第七章为结论与展望，一方面总结本书在山区地表短波净辐射遥感估算的创新，另一方面讨论尚存在的一些不足以及后续研究的展望。

本书很多基础研究引自中国科学院青藏高原研究所李新研究员研究成果，在书稿撰写过程中也得到李新老师多次指导与修改工作，在此表示衷心感谢！本书编写得到了北京师范大学阎广建教授、中国科学院遥感与数字地球研究所柳钦火研究员和闻建光研究员，中国科学院西北生态环境资源研究院秦翔研究员和刘宇硕副研究员，西北师范大学赵军教授、摆玉龙教授等专家的指导和帮助，感谢各位的辛苦付出。感谢对本书的出版给予关心、支持和帮助的所有师长、同仁和朋友。本书的编辑和出版得到国家自然科学基金地区基金项目（41561080）、国家自然科学基金面上项目（41871277）、中国博士后科学基金面上项目（2016M602893）的共同资助。

本书是编者近十年来在山区地表短波净辐射方面的研究总结。由于水平所限、时间仓促，书中有不少疏漏之处，请读者指正。

著 者

2020 年 6 月

# 目　　录

# |第一章| 山地短波净辐射概述

太阳短波辐射和地表反照率估算是山区地表短波净辐射遥感估算的两个关键参数，两者均受大气状况、地表特性以及地形遮蔽等地形因素的影响，其估算精度都依赖于山地辐射传输模型、数字高程模型（DEM）数据等。本章首先介绍山地短波净辐射遥感估算研究意义、国内外研究进展、存在的问题以及现阶段进行山地短波净辐射遥感估算的新机遇。

## 1.1 山地短波净辐射

太阳辐射是地球表层物理、生物和化学过程的主要能量来源，也是水循环、能量循环、生物化学循环的重要驱动力，是构建各类地球科学和环境模型的基础数据（Kandel et al., 1998；Trenberth et al., 2009；Stackhouse et al., 2011）。太阳辐射经大气到达地表的过程中，因与大气、地表相互作用能量衰减，而大气和地表因吸收或散射作用能量增强，其辐射收支平衡示意图如图 1.1 所示。太阳辐射在穿过大气层时，辐射能量由于大气分子或气溶胶粒子吸收、散射及云层的反射而减小，到达地表之前大约 30% 的大气顶太阳

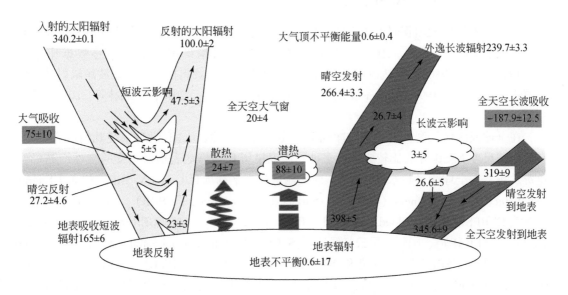

图 1.1　2000-2010 年地球系统每年平均能量收支平衡示意（据 Stephens et al., 2012）

图中单位为 W/m²

辐射被反射或散射，约20%的能量在穿过大气过程中被大气吸收，剩下大约50%大气顶太阳辐射能到达地表。

由于太阳辐射能量主要集中在 $0.3-3\mu m$ 的短波，这部分能量被称为太阳短波辐射（downward surface shortwave radiation，DSSR），或称下行短波辐射。地表接收的太阳短波辐射部分被地表吸收转化为内能，部分被地表向上反射回到大气。被地表反射的太阳短波辐射能量（或称上行短波辐射）与下行短波辐射的比值就是地表反照率（albedo），其值在0-1变化。地表净辐射是地表收入与支出的辐射能量之差，包括长波和短波部分。其中，地表短波净辐射（net surface shortwave radiation，NSSR）是指入射的太阳短波辐射（downward surface shortwave radiation，DSSR）与地表反射的向上短波辐射之差。NSSR是陆地系统吸收的太阳短波辐射总量，是地表净辐射的重要组成部分，反映了地表吸收太阳短波辐射的能力，是地表辐射收支平衡的重要参量，也是各种陆面过程模型必要的输入参数。

地表短波净辐射由太阳短波辐射和地表反照率共同决定。例如，积雪反射率很高，其吸收的太阳短波辐射能量通常小于向上反射的短波辐射能量，因此积雪具有较小的短波净辐射；反之，植被生长较好的区域地表因反照率低，可以获得更多短波净辐射。不同气候类型、不同地区、不同地表及微地貌特性，地表短波净辐射能量差异较大。然而，一方面，全球分布的测量网点布设密度不足以描述地表短波净辐射空间变化特征；另一方面，许多应用模型要求将地表短波净辐射数据作为输入参数。因此，如何获取地表短波净辐射的空间分布，成为区域气候变化、生态模型等研究所关心的问题。

## 1. 全球尺度遥感 NSSR 产品

由于能够提供大面积时空连续的地球辐射收支资料，卫星遥感成为估算地表短波净辐射时空变化的重要手段。地表短波净辐射通量能相对精确地从卫星遥感数据中获取（Gautier et al.，1980），国内外学者提出了各种从卫星观测资料推算地表短波净辐射的方法和模式（Li et al.，1993；Pinker et al.，1995；Kim and Liang，2010；梁顺林等，2013；辛晓洲等，2019）。

在全球或区域尺度，地表短波净辐射主要受大气环境、太阳-地球系统几何因素影响，获取全球尺度 NSSR 方法比较成熟。多种利用卫星资料估算地表辐射收支的全球产品已经免费发布，如全球能量与水循环试验-地表能量收支平衡项目 GEWEX-SRB［Global Energy and Water Cycle Experiment（GEWEX）-Surface Radiation Budget（SRB）］、云和地球辐射能量系统 CERES-EBAF［Cloud and Earth's Radiant Energy Systems（CERES）-Energy Balance and Filled（EBAF）］、国际卫星云气候计划 ISCCP-FD（International Satellite Cloud Climatology Project）、融合 CERES 处理系统和 MODIS 观测数据的 FLASHFLUX（Fast Longwave and Shortwave Radiative Fluxes）产品、利用陆面模型及数据同化系统整合卫星和地面观测资料的全球陆面同化系统 GLDAS（Global Land Data Assimilation System）、全球陆表特征参量 GLASS（Global Land Surface Satellite）等（Kim and Liang，2010；梁顺林等，2013；Liang，2013），主要产品基本信息如表1.1所示。

表 1.1 全球辐射收支产品

| 辐射产品集 | 描述 | 分辨率 |
|---|---|---|
| GEWEX-SRB | 全球能量与水循环试验–地表能量收支平衡项目 | 1° |
| CERES-EBAF | 云和地球辐射能量系统 | 1° |
| ISCCP-FD | 国际卫星云气候计划 | 280km |
| FLASHFLUX | 融合 CERES 处理系统和 MODIS 观测数据 | 1°，7~8 天 |
| GLDAS | 全球陆面同化系统 | 3 小时和月尺度，1.0°和 0.25° |
| GLASS | 全球陆表特征参量 | 5km，3 小时 |

尽管全球尺度的短波辐射能量收支总体图景已经较为清晰。然而，在区域或者更小局地尺度上，特别是在地形起伏较大的山区，局地地形对地表短波净辐射具有重要的影响作用。目前的辐射收支产品还无法为各种中小尺度陆面模型提供精确的地表短波净辐射信息（Tang et al.，2006；Kambezidis et al.，2012）。

### 2. 中小尺度短波净辐射具有较强空间异质性

在中小尺度的山区，地表短波净辐射具有较强的时空变异性，其能量大小主要受以下四个因素影响：太阳–地表几何关系、大气吸收与散射等大气因素、地形遮蔽等局地地形以及地表反照率等地表反射特性等因素（Dubayah and Rich，1995）。在高分辨率数字高程模型（digital elevation model，DEM）数据辅助下，太阳–地表几何关系已为人们熟知，而其他三个因素较复杂且相互作用，成为影响地表短波净辐射遥感估算精度的关键。尽管复杂地形区短波辐射模型近二十年来取得了长足进步，但依然面临精确大气参数获取困难、估算模型不能综合考虑大气效应与地形效应、地表朗伯假设或地表各向异性反射特征简化处理、DEM 尺度效应缺乏系统研究等问题。因此，复杂地形区地表短波净辐射高精度估算研究已经成为国内外学者所关注的问题。

中高分辨率卫星记录的辐射亮度是大气环境、地表光学性质、地表物理结构等的综合信息，已成为复杂地形区地表短波净辐射模型重要的输入参数（Wang et al.，2000）。然而，遥感数据记录的辐射亮度信号，尤其是高分辨率卫星记录的辐射亮度值同时会受到太阳–地表–传感器几何关系及地表各向异性反射特性的影响。另外，太阳–地表–传感器几何关系随地形而变化，太阳实际照射角与传感器实际观测角随地形坡度、坡向而改变，使得卫星遥感记录的地表信息失真（Dubayah and Rich，1995；Li et al.，1999；阎广建等，2000）。地表各向异性反射特性通常利用地表二向分布函数 BRDF（Bidirectional Reflectance Distribution Function）来描述。通常情况，局地地形与大气衰减、地表 BRDF 反射特性交织在一起，共同影响地表短波净辐射估算精度。因此在山区，综合应用高分辨率 DEM、BRDF 模型、高分辨率卫星遥感观测以及各种中等分辨率的大气光学特性卫星遥感产品，对提高地表短波净辐射估算精度具有重要意义。

## 1.2 山区地表短波净辐射研究进展

地表短波净辐射（$R_n$）是陆地系统吸收的太阳短波辐射总能量，由太阳短波辐射（$E$）和地表反照率（$\alpha$）共同决定，即

$$R_n = E(1-\alpha) \tag{1.1}$$

下面分别介绍太阳短波辐射、地表反照率和地表短波净辐射国内外研究进展。

### 1.2.1 太阳短波辐射研究进展

地表接收的太阳短波辐射是地球表层上物理、生物和化学过程（如融雪、蒸腾、光合作用等）的主要能量来源，也是生态系统过程模型、水文模型和生物物理模型中的必要参数。世界气象组织（WMO）1981年推荐的太阳常数最佳值为$1367\pm7\,\mathrm{W/m^2}$，经日地距离改正后可以精确计算进入地球大气之前的太阳短波辐射总能量，即大气顶（top of atmosphere，TOA）太阳辐射或大气上界太阳辐照度。但是太阳短波辐射穿过厚厚大气层到达地面时，因与大气成分及地表均发生复杂的相互作用而使能量大大衰减。因此，多种气象因子、地形因子、地表BRDF特性及其相互作用过程决定了到达地球表面某一地物点接收的太阳短波辐射能量。

20世纪60年代以来，遥感观测逐渐成为地表太阳短波辐射估算的重要手段。遥感估算太阳短波辐射方法共分两类：经验统计法和物理模型法。经验统计法是直接建立太阳短波辐射地表观测与遥感辐射亮度观测值之间的回归经验关系（陈渭民等，2000），然后根据遥感观测值推算出区域尺度太阳短波辐射能量。物理模型法则采用辐射传输模型或由辐射传输模型简化而来的参数化方案，在获取TOA太阳短波辐射、大气散射、吸收等大气光学特性、地表反射特性等参数基础上，利用辐射传输模型计算到达地表的太阳短波辐射。

在全球或区域尺度，纬度变化引起的太阳-地表几何关系的改变对太阳短波辐射的影响已被人们所熟悉。许多科学团队利用卫星数据已经生产出了多种地表辐射收支全球产品，且已经免费发布，如表1.1所示的全球能量与水循环试验-地表能量收支平衡项目GEWEX-SRB、云和地球辐射能量系统CERES-EBAF等（Kim and Liang，2010；Huang et al.，2012）。然而，在较小的区域空间尺度上，地形成为控制太阳短波辐射的主要因素。同时在山区，由于地表观测站点往往较稀疏，而太阳短波辐射具有非常强烈的空间异质性，经验统计估算结果精度通常受到限制。利用卫星遥感资料和高分辨率DEM数据，结合大气辐射传输模型估算山区太阳短波辐射（李爱农等，2016），是近十年来发展的新方法。

山区太阳短波辐射总能量来自太阳直接辐射、大气散射辐射和周围地形反射辐射，且三种分量不同程度地受大气与地形影响（傅抱璞，1983；Demain et al.，2013）。太阳直接辐射计算采用的模式大多相近，而其他两个辐射分量虽然辐射量较小，计算模型却更为复

杂（Gueymard，2012）。国内外学者围绕地形遮蔽、天空可视因子、地形结构因子等地形因子计算模式提出了众多山区辐射传输模型（Dozier and Frew，1990；Fu and Rich，2002；Li et al.，1999，2002；Ruiz-Arias et al.，2009；Long et al.，2010；Chen et al.，2013；Zhang et al.，2015a）。

由于 GIS 软件可以方便地计算坡度、坡向、天空可视因子等地形因子，许多太阳短波辐射模型已经成为一个独立模块集成于 GIS 软件平台中。例如，ArcGIS 中的 Solar Analyst（SA），IDRISI 或者 GRASS 软件中的 r.sun（Šúri and Hofierka，2004），USCGIS 中的 SRAD、Solei-32 等。Ruiz-Arias 等（2009）基于 DEM 数据，利用 14 个台站的 40 天数据比较分析了这 4 种山区太阳短波辐射估算模型（SA，r.sun，SRAD 和 Solei-32），同时利用 20m 和 100m 分辨率的 DEM 探讨了 DEM 空间分辨率在太阳短波辐射估算中的作用。结果表明，在晴空条件下，使用高分辨率 DEM 数据能够更有效地去除地形对太阳短波辐射的影响作用，从而提高山区太阳短波辐射估算精度。总之，这些模型详细地刻画了地形对太阳短波辐射的影响，但是对于大气消光估算较为粗略，大气输入参数较为简化，如 SA 中只有直接辐射透过率和散射比因子来模拟大气光学特性对太阳短波辐射的影响作用。目前，很多基于地形因子的太阳短波辐射计算模型认为，大气衰减作用在研究区域内是恒定不变的，过分地简化了散射辐射和大气透过率计算（Fu and Rich，2002）。显然，这类算法精度存在问题，模型应用也受到限制（Vignola et al.，2007；Ruiz-Arias et al.，2010；Gueymard，2012）。

也有一些模型（Li et al.，1999，2002；Cebecauer et al.，2011）考虑综合了大气衰减及地形因子两种太阳短波辐射估算模型的优势，但由于大气环境参数观测值不易获取，这些算法使用了简单经验方法计算大气透过率或直接使用较低分辨率的大气产品作为模型输入参数。Gusain 等（2014）利用 MODIS 和 DEM 数据估算了雪覆盖区域的太阳短波辐射，但由于大气可降水厚度等大气参数依然利用温度和相对湿度传统经验算法，因此降低了估算精度。Amatya 等（2015）利用 Yang 等（2001）的参数化模型，以 MODIS 水汽产品为模型输入参数，获得了太阳短波辐射空间分布数据。Zhang 等（2015a）基于 MODIS 水汽、气溶胶产品和 DEM 数据，将 Li 等（2002）的山区辐射传输模型与 Yang 等（2001）的大气透过率参数化模型进行融合，发展了一种晴空条件下的山区太阳短波辐射估算方法。然而由于山区小气候多变特性，大气水汽和气溶胶时空异质性较强，MODIS 较低空间分辨率的气溶胶光学厚度、浑浊度指数和大气可降水厚度大大高估了大气透过率，从而使得太阳短波辐射产生总体低估现象。另外，在冰川积雪等高亮地表区域，MODIS 气溶胶产品往往为无效值。因此，空间分辨率更高、精度更高的水汽和气溶胶大气产品成为山区太阳短波辐射估算的精度保障（Zhang et al.，2020）。

综上所述，复杂地形山区太阳短波辐射遥感估算研究，仍然存在两方面的缺陷。一方面是由于山地小气候多变，云、水汽、气溶胶等时空变化较为剧烈。然而，宽波段太阳短波辐射估算中，气溶胶光学厚度、水汽含量等大气参数多使用经验法获取或者使用 1976 年美国标准大气库、全球气溶胶数据集 GADS 等标准大气或 MODIS 大气产品，甚至整个研究区只输入一套大气参数。近年来，随着中分辨率卫星如 MODIS 大气产品算法的提高，已经成为估算太阳短波辐射的数据源（Kim and Liang，2010；Huang et al.，2012）。因此，必须发展一种新的方法，充分利用现有的高分辨率卫星大气产品，提高山地太阳短波辐射能量估算精度。另一方面是基于不同精度的 DEM 数据提取的坡度、坡向、地形遮蔽等地形因子差异较大，其累积误差必然影响太阳短波辐射估算精度。SRTM 和 ASTERGDEM 数据是全球最完整的高精度地形数据，然而在小尺度研究区域，仍然需要更高精度、更高空间分辨率的 DEM 数据。

## 1.2.2　地表反照率研究进展

地表反照率（albedo）定义为地物在太阳短波波段（0.3~3μm）的半球反射率，指的是在半球空间各个方向上地表物体反射的辐射能量与到达地表总太阳短波辐射能量之比（Liang et al.，2002）。若是特定某波段在某一方向的反射，则通常称为反射率（reflectance）。地表反射率、反射方向及太阳短波辐射波长等都有密切关系。地表反照率表征了地表对太阳短波辐射的反射能力，是地表辐射能量平衡与全球气候观测系统的关键参数，控制着太阳短波辐射资源在地表和大气之间的能量分配。

随着遥感技术的发展，反照率遥感反演逐步取代了传统地面点数据测量方式。宽波段 albedo 常常由宽波段传感器观测估算，如 Nimbus-7 卫星的地球辐射收支传感器（earth radiation budget，ERB）观测数据；由 NOAA-9、NOAA-10 和 ERBS 三颗卫星组成的地球辐射收支平衡实验（Earth Radiation Budget Experiment，ERBE）等数据。但是从卫星遥感传感器观测的 TOA 辐射亮度值精确反演地表 albedo，需要各种大气和地表特征参数。而波段较窄的多波段遥感数据既具有较高的空间分辨率，同时又能有效地获得大气和地表参数，已经成为 albedo 反演的重要数据源。目前，利用多波段遥感数据估算地表反照率的方法主要分为 4 种。

### 1. 统计模型法

一般情况，统计模型法假定地表为朗伯体，通过对遥感数据进行大气校正，将传感器量测的 TOA 反射率（表观反射率）转换为地表反射率，然后将各波段在太阳短波辐射中所占的权重大小作为各波段地表反射率系数，经积分后计算得到宽波段反照率。

### 2. TOA 反射率直接反演法

TOA 反射率反演方法也称为直接反演算法，通过太阳-地表观测几何等信息，建立卫星观测窄波段表观反射率与地表宽波段反照率之间的多元线性回归关系，从而避免了对卫星影像进行大气校正等处理（Chen and Ohring，1984；Pinker and Euing，1985；Koepke and Kriebel，1987）。梁顺林团队在研究早期采用了神经网络（Liang et al.，1999）、投影追踪（Liang，2003）等方法，建立大气层顶反射率与地表宽波段反照率的关系。后来，考虑到地表各向异性反射特性，在朗伯体假设（Liang et al.，2005）方法基础上，又提出了通过划分太阳、卫星观测几何空间格网的方式，建立大气层顶方向反射率和地表宽波段反照率之间的简单的多元线性回归关系，并在格陵兰冰雪类型地表站点上进行了验证，取得了较为良好的效果。Cui 等（2009）利用新一代多光谱、多角度探测器 POLDER（polarization and directionality of the earth's reflectances）建立了地表 BRDF 数据库，在此基础上建立了卫星反演的地表方向反射率和地表宽波段 albedo 之间的统计关系。

### 3. 谱反照率转换法

一般而言，基于多光谱遥感反演地表反照率需要三个步骤：①将 TOA 辐射亮度经辐射校正后转换为地表方向反射率；②基于地表 BRDF 模型建立角度模型，将地表方向反射率转换为波谱反照率；③通过转换系数将窄波段反照率转为反照率。其中，遥感影像辐射校正一般包括传感器定标、大气校正和地形校正等三个方面，将同步进行大气校正与地形校正称为遥感影像地形标准化。

窄波段 albedo 的实质是在短波上对所有角度方向的反射率进行积分。根据地表 BRDF 反射率模型，可以求出任意入射角与出射角的地表反射率对各方向反射率积分后可以得到地表谱反照率。因此，首先在多角度遥感观测数据（如 POLDER）或者根据多次卫星过境的观测数据（如 MODIS）构建多角度数据集，反演得到 BRDF 模型参数，然后根据 BRDF 模型模拟获得谱反照率数据，最后通过波段转换系数将窄波段反照率转换至宽波段 albedo。

MODIS 研究团队根据地表对太阳直射光与散射光反射能力的不同，将地表反照率区分为黑空反照率（black-sky albedo）和白空反照率（white-sky albedo）。黑空反照率表示地表对太阳直接辐射的反照率，是地表 BRDF 方向–半球积分。白空反照率是地表对太阳散射辐射的反照率，是地表 BRDF 在半球–半球的双重积分。实际地表 albedo（也称为蓝空反照率 black-sky albedo）（$\alpha$），近似认为是白空反照率（$\alpha_w$）和黑空反照率（$\alpha_b$）的加权组合。其权重系数散射比（$s$）是散射辐射占总辐射的百分比，根据辐射传输模型求得，然后利用线性公式求得实际地表反照率为

$$\alpha = s\alpha_w + (1-s)\alpha_b \tag{1.2}$$

一些卫星反照率产品已经业务化运行并向全球用户发布，空间分辨从 250m 到 20km 不等，时间分辨率从日到月尺度（Schaaf et al.，2008）。其中极轨卫星 MODIS、MISR（the multi-angle imaging spectro radiometer）、CERES、POLDER、AVHRR（advanced very high resolution radiometer）、VEGETATION 等提供反照率产品，其他如地球同步气象卫星 METEOSAT、MSG（meteosat second generation）等都有不同覆盖范围的反照率产品。中国 GLASS 产品综合利用 MODIS、POLDER、MISR 等多源遥感数据，利用不同反演算法生产了 1985~2010 年的日反照率产品（Liang et al.，2013）。虽然这种反演方法取得了巨大进展，但是仍存在一些问题：①需要利用多天合成遥感影像集反演地表反照率，时间分辨率低，不能反映雨雪等的快速变化；②算法对冰雪等高反射地表精度不高；③业务化运行的反照率产品没有考虑地形影响（Li et al.，2001；Davidson and Wang，2004；Schaaf et al.，2008）。

同时，由于大多数卫星波谱段是由多个较窄波段的不连续波长区域组成，因此需要波

段转换系数，实现窄波段谱反照率向宽波段进行转换，从而获得地表宽波段反照率。地表宽波段反照率由地表反射特性与大气条件共同决定，使得通过遥感数据获得普适波谱转换公式成为反照率遥感反演的难点所在。

### 4. 谱反射率转换法

对于高分辨率卫星影像，如 Landsat、Sentinel-2 等卫星只能获取单一角度的遥感数据，因此地表 BRDF 模型系数参数获取较为困难。实际上，假设地表服从朗伯体反射特性，那么光谱反射率就是光谱反照率。因此在实际应用中，对卫星传感器观测的 TOA 辐射亮度进行大气校正、地形校正等辐射校正后获得的地表谱反射率直接认为是谱反照率。通过波段转换系数，将窄波段的谱反照率转换为地表宽波段反照率，其中转换公式与上面介绍的谱反射率转换法类似。

然而在地形复杂的山区，由于涉及遥感影像地形校正、地表 BRDF 建模等困难，利用多光谱卫星遥感估算地表反照率发展较晚。Duguay 和 Ledrew（1992）开创性地提出了一种利用 Landsat TM 估算山区地表反照率的模型，提出了不同地表类型条件下，利用 TM 影像波段 2、4 和 7 的谱反射率转化地表宽波段反照率的转换公式。另外，山区局地太阳照射角（由太阳天顶角、方位角、地表坡度和坡向决定）、传感器观测角（由传感器天顶角、方位角、地表坡度和坡向决定）随地形变化，因此地表 BRDF 形状也随地形而发生了改变（Li et al.，2012）。Schaaf 等（1994）发现地形使得 BRDF 形状发生了改变，曾将 Li-Strahler 几何光学模型扩展至倾斜地表，用于探索地形对 BRDF 和 albedo 的影响。Shepherd 和 Dymond（2003）提出了半经验半物理的 BRDF 地形校正模型，但为了简化计算又做了许多假设，如坡地散射反射率与平坦地表散射反射率相同等。闻建光（2008）基于地表 BRDF 模型开展了山区反照率遥感反演的研究工作，推导并建立普适性强的山区光学遥感反照率计算模型。Li 等（2012）提出了基于物理模型的 BRDF 地形校正模型，将大气校正、地形校正融为一体。

总之，高分辨率遥感影像地形标准化是地表 albedo 遥感反演的关键。尽管基于辐射传输模型的遥感影像地形校正越来越受到人们重视，获得了较快发展，也出现了一些专业商业软件如 ATCOR3。由于从卫星影像本身来反演大气参数具有较大吸引力（阎广建等，2000），在地形标准化的大气校正过程中，通常选择某单一地物区域，利用辐射传输模型和多元线性回归算法计算大气水汽含量、气溶胶光学厚度等主要大气参数需要区域先验知识。然而在地形校正中，往往存在一些区域，如阴坡或阳坡出现过校正或欠校正的像元。其原因主要有几点：一是坡元接收到的太阳辐照度不能精确计算，山区辐射模型不能精确模拟各辐射分量，尤其是散射辐射与周围地形反射辐射，并且坡元辐照度估算误差来自于DEM 空间分辨率精度不够，在地形破碎区域，低分辨率 DEM 不足以精确计算坡元接收到的太阳辐照度；二是遥感影像与 DEM 空间配准精度存在较大误差（遥感影像与 DEM 空间匹配是地形校正的难点之一）；三是未考虑或者简单地考虑地表 BRDF 反射特性；四是一般情况下，一景遥感影像往往用一个点的大气光学特性参数来代替或者简单地根据高程内插至整个研究区，缺乏对大气光学特性参数空间异质性的考虑。

## 1.2.3　地表短波净辐射研究进展

20世纪60年代以来,遥感观测逐渐成为地表短波净辐射估算的重要数据源,国内外学者发展了用遥感数据估算短波净辐射的方法。遥感估算太阳短波辐射研究方法与进展同地表短波净辐射类似。到目前为止,主要分为两类遥感反演方法:一是经验统计模型,也称为直接法,重点在于建立短波净辐射地表观测与遥感辐射亮度观测值之间的经验回归关系;二是基于辐射传输模型或参数化方案,也称为分项法,在获取大气顶太阳短波辐射、大气光学特性、地表反射特性等参数的基础上,分别基于物理模型估算太阳短波辐射能量和地表反照率,进而带入短波能量平衡公式(式(1.1))计算地表短波净辐射。

### 1. 直接法

在遥感发展研究初期,为了避开地表反照率获取难度,直接通过建立大气顶卫星测量的辐射亮度与地表短波净辐射测量值之间的经验统计关系,推算地表短波净辐射(Hay and Hanson, 1978)。Raschke 和 Preuss(1979)首次利用建立地表短波净辐射经验统计公式获得了全球尺度月平均值。Ramanathan(1986)发现大气顶净辐射通量与地表净辐射通量观测存在简单的线性关系。这种线性关系最终被地面塔上辐射计测量值和晴空下 ERBE 辐射计测量值证实(Cess et al., 1991)。Li 和 Leighton(1993)针对任何下垫面及天气状况,将太阳天顶角、大气水汽含量以及大气顶部反照率作为模型输入参数,计算得到地表短波净辐射。随后,众多学者利用经验统计法对地表短波净辐射进行了研究。Kim 和 Liang(2010)基于 MODIS 产品利用多元回归和人工神经网络技术(ANN)建立地表短波净辐射与大气层顶表观反射率及地表反射率之间的统计回归关系,并纠正了水汽和高程对估算结果的影响。

经验统计模型一般无需精确的大气及地表参数,算法简单、快捷,且易于使用。同时,由于该方法直接根据地表短波净辐射观测与遥感测量值的统计关系进行估算,因此避免了太阳短波辐射和地表反照率估算带来的误差。Cess 和 Vulis(1989)使用更精确的辐射传输模型,发现卫星观测辐射亮度与地表短波净辐射具有线性关系,但也存在一定的偏差。Schmetz(1993)认为云光学厚度和云顶高度影响两者线性关系,因而仅依赖 TOA 卫星辐射亮度观测值还不能精确估算地表短波净辐射。另外,一方面由于这种经验回归方法强烈依赖于地面观测数据,在气象站点稀少的地区,统计回归模型参数确定存在困难,从而降低了 NSSR 反演精度(Dubayah, 1992)。另一方面,在复杂地形的山区,由于坡度、坡向、地形遮蔽等地形因素,大气顶辐射亮度与地表短波净辐射相关性会大大降低。再加上卫星过境时的大气条件以及下垫面复杂性等因素,增加了其估算的不确定性,从而降低了山区地表短波净辐射估算精度。

### 2. 分项法

分项法地表短波净辐射估算基于辐射传输模型,首先分别估算地表接收的太阳短波辐射和地表反照率，然后利用辐射平衡方程获得地表短波净辐射。分项法涉及窄波段和宽波段太阳短波辐射两种算法。其中，窄波段太阳短波辐射主要用于遥感影像地形校正获得地表谱反照率，宽波段太阳短波辐射用于估算地表接收的太阳短波辐射。

Hall 等（1992）指出，在早期的观测条件下，由于通过卫星遥感数据有些辐射模型输入参数不容易获得，例如水汽和气溶胶等大气含量、地表 albedo 等参数，因此直接基于物理模型法的山区地表短波净辐射研究较晚。直到 20 世纪 90 年代初，Dubayah（1992）在国际卫星地表气候研究计划（International Satellite Land Surface Climatology Project，ISLSCP）第一个试验场 FIFE 中，将辐射传输模型与 DEM 和 Landsat-5 TM 卫星影像结合起来，获得了高空间分辨率地表短波净辐射数据。近年来，众多学者围绕山区太阳短波辐射和地表反照率遥感反演开展了地表短波净辐射分项估算研究工作（马耀明和王介民，1997；王开存等，2004；Chen et al.，2013）。Gratton 等（1993）利用多光谱数据 Landsat-5 TM 估算了山地冰川短波净辐射，发现卫星反照率精确估算依赖于山区太阳短波辐射计算精度，且冰雪等高反照率地物对太阳短波辐射具有较大贡献。Wang 等（2005）用中分辨率遥感数据 MODIS 估算地表短波净辐射时，发现地形影响非常重要。李净（2007）在假设地表朗伯体条件下，基于山区辐射传输模型估算了山区净辐射。

显然，卫星遥感、DEM 数据与辐射传输模型结合，为复杂地形山区像元尺度地表短波净辐射估算提供了一种有效的手段（Dubayah，1992；Wang et al.，2005）。然而，在分项法遥感估算中，山区太阳短波辐射和地表反照率精确估算成为关键，正如 Cess 和 Vulis（1989）指出的那样，每一项估算的不确定性将导致较大的误差。因此，在各种遥感新型传感器、高分辨率 DEM 数据产品、BRDF 算法发展之下，利用多源遥感数据发展复杂地形区地表短波净辐射估算的高效新算法成为当前研究的关键。

## 1.3  山区短波净辐射估算存在的问题

综观国内外发展，复杂地形的山地短波净辐射研究仍然面临三方面的问题：①由于山地小气候多变，水汽、气溶胶等大气主要成分时空变化较为剧烈。然而，窄、宽波段太阳短波辐射估算以及遥感影像大气校正中，气溶胶光学厚度、水汽含量等大气参数多使用经验法获取或者使用 1976 年美国标准大气库、全球气溶胶数据集 GADS 等标准大气，甚至整个研究区只输入一套大气参数；②地形起伏较大的复杂地形区，地表各向异性反射特征明显，卫星传感器记录的辐射亮度值受太阳-地表-传感器几何特征影响，但在遥感反演地表反照率时，普遍假设地表为朗伯体或简单考虑地表 BRDF 特性；③不同 DEM 空间分辨率提取的坡度、坡向、地形遮蔽等地形因子差异较大，其累积误差必然影响太阳短波辐射及地表 albedo 估算精度，然而现阶段地表短波净辐射对 DEM 尺度效应的研究较为薄弱。

目前，MODIS 大气产品成为太阳短波辐射和遥感影像大气校正必要的大气输入参数。尤其对于 TM 遥感影像而言，两者在当地过境时刻相差不大（1 小时左右）时，可以精确描述 TM 遥感影像获取时刻大气空间分布状况。另外，由于欧空局 ESA 分别于 2015 年 6 月和 2017 年 3 月发射的 Sentinel-2A 和 Sentinel-2B（S2 A/B）（简称哨兵-2 或 S2）卫星数据具有更高的时间分辨率、空间分辨率、波谱分辨率和辐射分辨率，不仅记录了地表反射特性，同时也记录了大气气溶胶等大气信息，因此成为地表短波净辐射遥感估算的重要数据源。针对地表反射各向异性特征，Duguay（1993）意识到地形校正模型中，地表朗伯体反射假设会带来一定的误差，但是当时单一角度卫星传感器无法探测到积雪各向异性反射特性，指出中分辨率成像光谱仪 MODIS、多角度成像光谱仪 MISR 等新一代传感器的出现将解决这个问题。以 Ross Thick-Li Sparse 算法（AMBRALS）为代表的半经验线性核驱动模型拟合地表 BRDF 特性也备受关注，逐渐成为研究地表各向异性的经典算法（焦子锑等，2005）。

由于在太阳短波辐射估算和地表反照率反演中都需要基于 DEM 数据计算坡度、坡向等地形因子，因此，山区地表短波净辐射估算研究中，DEM 空间尺度效应不容忽视。格网尺寸大小决定了 DEM 空间尺度与分辨率，也决定了描述地形精确程度。DEM 格网越小，表达的地形空间尺度越小，其空间分辨率越高，越能精确地描述地形地貌。不同自然现象有不同的最佳观测距离和尺度，随着 DEM 空间尺度的变化，所提取的坡度、坡向、遮蔽、天空可视因子等地形因子的精度存在明显的差异，再加上地形起伏等因素的影响，增加了误差积累与传播的复杂性（汤国安等，2003）。

地球表面是一个复杂的巨系统，尺度效应是地球信息科学中一个根本性的问题。在遥感应用中，也必须正视其尺度效应，不能不加分析地将其作为"尺度不变"的定律加以误用（李新，2013）。杨昕等（2007）的研究表明，当 DEM 格网尺寸大于地面相对高差时，模拟的天文辐射基本稳定，坡度等地形因子对辐射的再分配作用不再显著。闻建光（2008）详细研究了复杂地形条件下反照率的尺度效应和尺度校正。Ruiz-Arias 等（2009）评估了 DEM 空间分辨率的作用，证明了高分辨率 DEM 数据可以提高太阳短波辐射估算精度，能更有效地去除遥感影像地形效应。Zhang 等（2015b）基于5–500m 6 个尺度的 DEM 数据和 4 种尺度模拟遥感影像分析并讨论了 DEM 及地形因子尺度变化对各尺度遥感影像地形的去除作用。WorldView 等高分辨率卫星传感器具有立体观测能力，使得提取米级或亚米级高分辨率 DEM 数据成为可能，从而为山区地表短波辐射估算提供了重要的数据源。但是如何真正利用高分辨率 DEM 数据提高复杂地形区太阳短波辐射与地表反照率估算精度，还有待进一步研究。

# 1.4 小 结

卫星遥感已经成为地表短波净辐射估算的主要手段。然而在中小尺度，地表短波净辐射除了受大气环境、太阳–地球系统几何因素影响外，还受地表特性、地形遮蔽等地形因素的影响。因此在小尺度上，特别是地形崎岖的山区，地表短波净辐射具有很强的时空异质性。在当前各种遥感新型传感器、BRDF 算法发展之下，如何将 MODIS 等卫星遥感大气产品与山区辐射传输模型、地表反照率反演结合起来提高复杂地形区地表短波净辐射反演精度成为关键。

近年来，随着卫星遥感产品、全球高分辨率 DEM 数据产品，以及山区辐射传输模型等相关基础研究的发展，为了提高晴空条件下山区地表短波净辐射遥感反演精度，仍然需要从以下三个方面作进一步研究：①利用高分辨率 DEM 及卫星遥感水汽、气溶胶产品，同步考虑大气效应与地形效应对山区太阳短波辐射的影响。②利用多源遥感数据、光学卫星遥感产品及 BRDF 模型，有效去除大气及地形效应对高分辨率遥感影像引起的辐射畸变，从而提高山区地表反照率反演精度。③探究高分辨率 DEM 及各地形因子在太阳短波辐射及遥感影像地形校正中的空间尺度效应，为高精度估算山区地表短波净辐射寻找 DEM 最佳尺度数据。

本书主要介绍山地短波净辐射遥感估算原理与方法，其基本估算流程如图 1.2 所示。

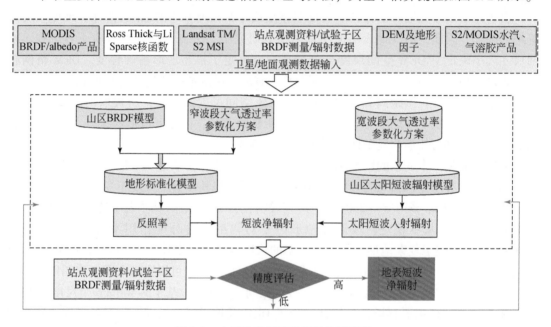

图 1.2　山区地表短波净辐射估算流程

山地短波净辐射遥感估算主要由 4 部分组成：建立山区宽波段太阳短波辐射估算模型；建立考虑大气与地形对遥感影像的影响同时顾及地表 BRDF 的地形标准化模型，通过窄波段至宽波段转换获得地表反照率；在估算地表反照率与太阳短波辐射基础上计算地表短波净辐射。

## 参 考 文 献

陈渭民，边多，郁凡.2000.由卫星资料估算晴空大气太阳直接辐射和散射辐射.气象学报，58（4）：457-469.

傅抱璞.1983.山地气候.北京：科学出版社.

焦子锑，王锦地，谢里欧，等.2005.地面和机载多角度观测数据的反照率反演及对 MODIS 反照率产品的初步验证.遥感学报，9（1）：64-72.

梁顺林，李小文，王锦地.2013.定量遥感理念与算法.北京：科学出版社.

李爱农，边金虎，张正健，等.2016.山地遥感主要研究进展，发展机遇与挑战.遥感学报，20（005）：

1199-1215.

李净 . 2007. 利用遥感资料估算复杂地形条件下的净辐射 . 北京：中国科学院研究生院博士学位论文

李新 . 2013. 陆地表层系统模拟和观测的不确定性及其控制 . 中国科学（D 辑），(011)：1735-1742.

马耀明，王介民 . 1997. 非均匀陆面上区域蒸发（散）研究概况 . 高原气象，16（4）：446-452.

汤国安，赵牡丹，李天文，等 . 2003. DEM 提取黄土高原地面坡度的不确定性 . 地理学报，58（6）：
    824-830.

闻建光 . 2008. 复杂地形条件下地表 BRDF/反照率遥感反演与尺度效应研究 . 北京：中国科学院研究生院
    博士学位论文 .

闻建光，刘强，柳钦火，等 . 2015. 陆表二向反射特性遥感建模及反照率反演 . 北京：科学出版社 .

辛晓洲，张海龙，余珊珊，等 . 2019. 地表辐射收支遥感方法与技术 . 北京：科学出版社 .

王开存，周秀骥，刘晶淼 . 2004. 复杂地形对计算地表太阳短波辐射的影响 . 大气科学，28（4）：
    625-633.

闫广建，朱重光，郭军，等 . 2000. 基于模型的山地遥感图象辐射订正方法 . 中国图象图形学报（A 辑），
    5（1）：11-15.

杨昕，汤国安，邓凤东 . 2007. 基于 DEM 的山区气温地形修正模型 . 地理科学，27（4）：525-530.

Amatya, P M, Ma Y, Han C, et al. 2015. Estimation of net radiation flux distribution on the southern slopes of
    the central Himalayas using MODIS data. Atmospheric Research, 154：146-154.

Cebecauer T, Suri M, Gueymard C. 2011. Uncertainty sources in satellite-derived direct normal irradiance：how
    can prediction accuracy be improved globally. Proc. SolarPACES Conf., Granada, Spain.

Cess R D, Vulis I L. 1989. Inferring surface solar absorption from broadband satellite measurements. Journal of
    Climate, 2（9）：974-985.

Cess R D, Dutton E G, Deluisi J J, et al. 1991. Determining surface solar absorption from broadband satellite
    measurements for clear skies：Comparison with surface measurements. Journal of Climate, 4（2）：236-247.

Chen L, Yan G, Wang T, et al. 2012. Estimation of surface shortwave radiation components under all sky
    conditions：Modeling and sensitivity analysis. Remote Sensing of Environment, 123：457-469.

Chen T S, Ohring G. 1984. On the relationship between clear-sky planetary and surfae albedos. Journal of the at-
    mospheric sciences, 41（1）：156-158.

Cui Y, Mitomi Y, Takamura T. 2009. An empirical anisotropy correction model for estimating land surface albedo
    for radiation budget studies. Remote Sensing of Environment, 113（1）：24-39.

Davidson A, Wang S. 2004. The effects of sampling resolution on the surface albedos of dominant land cover types
    in the North American boreal region. Remote Sensing of Environment, 93（1）：211-224.

Demain C, Journée M, Bertrand C. 2013. Evaluation of different models to estimate the global solar radiation on
    inclined surfaces. Renewable Energy, 50：710-721.

Dozier J, Frew J. 1990. Rapid calculation of terrain parameters for radiation modeling from digital elevation da-
    ta. Geoscience and Remote Sensing, IEEE Transactions on, 28（5）：963-969.

Dubayah R. 1992. Estimating net solar radiation using Landsat Thematic Mapper and digital elevation data. Water
    Resources Research, 28（9）：2469-2484.

Dubayah R, Rich P M. 1995. Topographic solar radiation models for GIS. International Journal of Geographical In-
    formation Systems, 9（4）：405-419.

Duguay C R. 1993. Modelling the radiation budget of alpine snowfields with remotely sensed data：model
    formulation and validation. Annals of Glaciology, 17：288-294.

Duguay C R, Ledrew E F. 1992. Estimating surface reflectance and albedo from Landsat-5 Thematic Mapper over rugged terrain. Photogrammetric Engineering and Remote Sensing, 58: 551-558.

Fu P, Rich P M. 2002. A geometric solar radiation model with applications in agriculture and forestry. Computers and electronics in agriculture, 37 (1): 25-35.

Gautier C, Diak G, Masse S. 1980. A simple Physical Model to Estimate Incident Solar Radiation at the Surface From GOES Satellite Data. Appl. Meteor., 19: 1005-1012.

Gratton D J, Howarth P J, Marceau D J. 1993. Using Landsat-5 Thematic Mapper and digital elevation data to determine the net radiation field of a mountain glacier. Remote Sensing of Environment, 43 (3): 315-331.

Gueymard C A. 2012. Clear-sky irradiance predictions for solar resource mapping and large-scale applications: Improved validation methodology and detailed performance analysis of 18 broadband radiative models. Solar Energy, 86 (8): 2145-2169.

Gusain H S, Mishra V D, Arora M K. 2014. Estimation of net shortwave radiation flux of western Himalayan snow cover during clear sky days using remote sensing and meteorological data. Remote Sensing Letters, 5 (1): 83-92.

Hall F G, Huemmrich K F, Goetz S J, et al. 1992. Satellite remote sensing of surface energy balance: Success, failures, and unresolved issues in FIFE. Journal of Geophysical Research: Atmospheres (1984 – 2012), 97 (D17): 19061-19089.

Hay J E, Hanson K J. 1978. Satellite-based methodology for determining solar irradiance at the ocean surface during gate. Bulletin of the American Meteorological Society. 45 BEACON ST, BOSTON, MA 02108-3693: AMER METEOROLOGICAL SOC, 59 (11): 1549-1549.

Huang G, Liu S, Liang S. 2012. Estimation of net surface shortwave radiation from MODIS data. International Journal of Remote Sensing, 33 (3): 804-825.

Kambezidis H D, Kaskaoutis D G, Kharol S K, et al. 2012. Multi-decadal variation of the net downward shortwave radiation over south Asia: The solar dimming effect. Atmospheric Environment, 50: 360-372.

Kandel R, Viollier M, Raberanto P, et al. 1998. The ScaRaB earth radiation budget dataset. Bulletin of the American Meteorological Society, 79 (5): 765-783.

Kim H Y, Liang S. 2010. Development of a hybrid method for estimating land surface shortwave net radiation from MODIS data. Remote Sensing of Environment, 114 (11): 2393-2402.

Koepke P, Kriebel K T. 1987. Improvements in the shortwave cloud-free radiation budget accuracy. Part I: Numerical study including surface anisotropy. Journal of climate and applied meteorology, 26 (3): 374-395.

Liang S, Shuey C J, Russ A L, et al. 2002. Narrowband to broadband conversions of land surface albedo: II. Validation. Remote Sensing of Environment, 84 (1): 25-41.

Liang S, Zhao X, Liu S, et al. 2013. A long-term global land surface satellite (GLASS) data-set for environmental studies. International Journal of Digital Earth, 6 (sup1): 5-33.

Long D, Gao Y, Singh V P. 2010. Estimation of daily average net radiation from MODIS data and DEM over the Baiyangdian watershed in North China for clear sky days. Journal of Hydrology, 388 (3): 217-233.

Li F, Jupp D L, Thankappan M, et al. 2012. A physics-based atmospheric and BRDF correction for Landsat data over mountainous terrain. Remote Sensing of Environment, 124: 756-770.

Li X, Cheng G, Chen X, Lu L. 1999. Modification of solar radiation model over rugged terrain. Chinese Science Bulletin, 44 (15): 1345-1349.

Li X, Gao F, Wang J, et al. 2001. A priori knowledge accumulation and its application to linear BRDF model inversion. Journal of Geophysical Research: Atmospheres (1984–2012), 106 (D11): 11925-11935.

Li X, Koike T, Guodong C. 2002. Retrieval of snow reflectance from Landsat data in rugged terrain. Annals of Glaciology, 34 (1): 31-37.

Li Z, Leighton H G, Masuda K, et al. 1993. Estimation of SW flux absorbed at the surface from TOA reflected flux. Journal of Climate, 6 (2): 317-330.

Pinker R T, Ewing J. 1985. Modeling surface solar radiation: Model formulation and validation. Journal of Climate and Applied Meteorology, 24 (5): 389-401.

Pinker R T, Frouin R, Li Z. 1995. A review of satellite methods to derive surface shortwave irradiance. Remote Sensing of Environment, 51 (1): 108-124.

Ramanathan V. 1986. Scientific use of surface radiation budget data for climate studies. Surface Radiation Budget for Climate Application, 1169: 58-86.

Raschke E, Preuss H J. 1979. The determination of the solar radiation budget at the earth's surface from satellite measurements. Meteorologische Rundschau, 32: 18-28.

Ruiz-Arias J A, Tovar-Pescador J, Pozo-Vázquez D, et al. 2009. A comparative analysis of DEM-based models to estimate the solar radiation in mountainous terrain. International Journal of Geographical Information Science, 23 (8): 1049-1076.

Ruiz-Arias J A, Cebecauer T, Tovar-Pescador J, et al. 2010. Spatial disaggregation of satellite-derived irradiance using a high-resolution digital elevation model. Solar Energy, 84 (9): 1644-1657.

Schaaf C B, Li X, Strahler A H. 1994. Topographic effects on bidirectional and hemispherical reflectances calculated with a geometric-optical canopy model. Geoscience and Remote Sensing, IEEE Transactions on, 32 (6): 1186-1193.

Schaaf C, Martonchik J, Pinty B, etal. 2008. Retrieval of surface albedo from satellite sensors. Advances in Land Remote Sensing. Springer Netherlands, 219-243.

Schmetz J. 1993. Relationship between solar net radiative fluxes at the top of the atmosphere and at the surface. Journal of the atmospheric sciences, 50 (8): 1122-1132.

Shepherd J D, Dymond J R. 2003. Correcting satellite imagery for the variance of reflectance and illumination with topography. International Journal of Remote Sensing, 24 (17): 3503-3514.

Stackhouse Jr P W, Gupta S K, Cox S J, et al. 2011. The NASA/GEWEX surface radiation budget release 3.0: 24.5-year dataset. GEWEX News, 21 (1): 10-12.

Stephens G L, Li J, Wild M, et al. 2012. An update on Earth's energy balance in light of the latest global observations. Nature Geoscience, 5 (10): 691-696.

Tang B, Li Z, Zhang R. 2006. A direct method for estimating net surface shortwave radiation from MODIS data. Remote Sensing of Environment, 103 (1): 115-126.

Trenberth K E, Fasullo J T, Kiehl J. 2009. Earth's global energy budget. Bulletin of the American Meteorological Society, 90 (3): 311-323.

Vignola F, Harlan P, Perez R, et al. 2007. Analysis of satellite derived beam and global solar radiation data. Solar Energy, 81 (6): 768-772.

Wang J, White K, Robinson G J. 2000. Estimating surface net solar radiation by use of Landsat-5 TM and digital elevation models. International Journal of Remote Sensing, 21 (1): 31-43.

Wang K, Zhou X, Liu J, et al. 2005. Estimating surface solar radiation over complex terrain using moderate-resolution satellite sensor data. International Journal of Remote Sensing, 26 (1): 47-58.

Yang K, Huang G W, Tamai N. 2001. A hybrid model for estimating global solar radiation. Solar Energy, 70 (1): 13-22.

Zhang Y, Li X, Bai Y. 2015a. An integrated approach to estimate shortwave solar radiation on clear-sky days in rugged terrain using MODIS atmospheric products. Solar Energy, 113: 347-357.

Zhang Y, Yan G, Bai Y. 2015b. Sensitivity of Topographic Correction to the DEM Spatial Scale. IEEE Geoscience & Remote Sensing Letters, 12 (1): 53-57.

Zhang Y, Qin X, Li X, et al. 2020. Estimation of Shortwave Solar Radiation on Clear-Sky Days for a Valley Glacier with Sentinel-2 Time Series. Remote Sensing, 12 (6): 927.

# 第二章 ｜ 研究区与数据处理

本书的主要研究区为黑河流域上游大野口流域和祁连山老虎沟 12 号冰川，本章介绍这两个研究区概况及主要数据源。重点介绍文中所涉及的数据处理，包括：高分辨率 DEM 数据制备、重要地形因子计算、MODIS 产品数据处理以及 Sentinel-2 数据处理等技术。介绍几种全球免费的高分辨率 DEM 数据产品及利用 WorldView-2 立体像对获得高分辨率 DEM 数据的方法。详细介绍基于高分辨率 DEM 数据的坡度、坡向、地形遮蔽系数、天空可视因子等地形因子计算方法。MODIS 和 Sentinel-2 卫星遥感产品是本书重要的数据源，因此本章专门介绍 MODIS 卫星及水汽与气溶胶产品的数据处理方法。近年来免费发布的高时空分辨率的光学卫星 Sentinel-2 产品已经成为全球地表、大气等重要参数反演的重要数据，本章在介绍该产品优势基础上，重点介绍利用官方提供的辐射传输模型 Sen2Cor 输出用户自定义下的 L2A 大气与陆地产品。

## 2.1 研究区及数据

### 2.1.1 大野口流域

位于中国第二大内陆河的黑河流域发源于祁连山，流域内具有不同的景观类型，包括高山冰雪带、森林草原带、戈壁荒漠带及平原绿洲带等，是我国西北干旱区典型内陆河流域研究基地，具有良好的研究基础和丰富的数据积累（李新等，2008）。如图 2.1 所示，大野口流域位于黑河流域上游，地处甘肃省张掖市肃南裕固族自治县，属于甘肃黑河流域祁连山水源涵养林。大野口流域中心地理坐标为 100°15′E，38°31′N，面积约 73.32km$^2$，流域内地形复杂，交通极为不便，海拔高程范围为 2590–4645m，平均坡度 32°。区域主要土地覆盖类型为：林地、草地、水域、裸地及积雪。林地优势树种是青海云杉（*Picea crassifolia*），主要分布在北坡，草地主要分布在平坦地表及南坡。大野口流域内自然气候条件复杂，水热条件差异较大，其独特的自然、地貌特征为开展众多自然科学研究提供了条件。大野口流域内生态、水文等试验台站密集分布，本书选择了关滩森林站和马莲滩草地站两个自动气象观测站（AWS）作为模型精度验证数据，其基本信息见表 2.1。

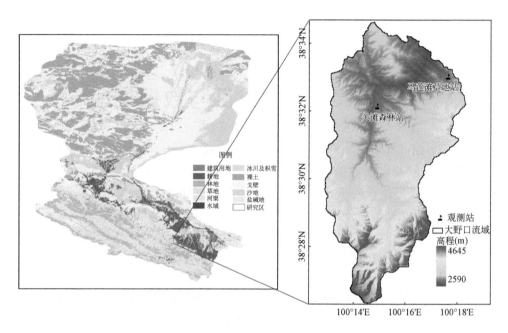

图 2.1　大野口流域位置示意

表 2.1　气象观测站点基本信息

| 观测站 | 纬度（°） | 经度（°） | 高程（m） | 地表类型 | 坡度（°） | 坡向（°） |
| --- | --- | --- | --- | --- | --- | --- |
| 关滩森林站 | 38.55 | 100.30 | 2817 | 草地 | 9.5 | 308.0 |
| 马莲滩草地站 | 38.53 | 100.25 | 2835 | 林地 | 14.2 | 300.4 |

大野口关滩森林站和马莲滩草地站架设了相同类型的辐射计，其厂家及型号为美国 CAMPBELL 公司太阳短波辐射总辐射表 Kipp&Zonen CMP3（光谱范围为 0.3~2.8μm）。两块 CMP3 背靠背安装，用于测量地表接收的下行短波辐射和上行短波辐射，观测仪器信息如表 2.2 所示。

表 2.2　大野口观测仪器、精度及观测高度

| 观测站 | 观测量 | 传感器 | 厂家 | 观测精度（%） | 仪器高（m） |
| --- | --- | --- | --- | --- | --- |
| 关滩森林站 | 太阳短波辐射 和反射辐射 | CMP3 | CAMPBELL（美国） | ±10 | 19.5 |
| 马莲滩草地站 | | | | | 1.5 |

1）关滩森林站

大野口关滩森林站位大野口流域关滩阴坡的森林内，观测点的经纬度为 100°15′00.8″E，38°32′01.3″N，海拔高度为 2835.2m。观测场东西宽 15m，南北长 15m。试验场内植被生长情况良好，林地主要由高 15~20m 的云杉组成，林下地面覆盖有厚约 10cm 的苔藓。如图 2.2 所示，气象观测塔高 24m，两块 CMP3 组成的辐射四分量仪架设在 20m 高度位置。

图 2.2　关滩森林气象站

2）马莲滩草地站

马莲滩草地站位于黑河上游大野口流域排露沟的马莲滩，观测点的经纬度为
100°17′45.0″E，38°32′53.4″N，海拔高度为2817.3m。试验场周围地势相对平坦开阔，地
势自东南向西北略有倾斜下降。马莲滩的地表覆盖类型为高山草地，主要生长有马莲，植
被高度为0.2~0.5m。大野口马莲滩草地站观测试验场东西宽15m，南北长15m。试验场
内有一座10m高度的气象观测塔，在1.5m高度位置2块CMP3总辐射表背靠背安装，如
图2.3所示。

图 2.3　马莲滩草地气象站

1. 卫星影像数据集

大野口流域所用的多种卫星遥感产品及DEM数据集资料的详情信息及用途如表2.3
所示。

表 2.3 卫星影像及 DEM 数据基本信息及用途 （单位：m）

| 数据集名称 | 空间分辨率 | 用途 |
|---|---|---|
| WorldView-2 立体像对 | 0.5 | DEM 数据提取 |
| WorldView-2 DEM | 5 | 地形因子计算 |
| MODISBRDF/AlbedoMCD43A | 500 | 核系数 |
| MOD04_L2/MYD04_L2 | 10000 | 气溶胶光学厚度 |
| MOD05_L2/MYD05_L2 | 1000 | 大气可降水厚度 |
| Landsat TM 影像 | 30 | 地表反照率 |
| WorldView-2 正射影像 | 0.5 | 土地利用分类图 |
| ASTER GDEM | 30 | 地形因子计算 |

（1）WorldView-2 立体像对及 RPB（相当于 RPC）文件。WorldView-2 卫星是世界首颗能够提供 8 个波段多光谱数据的高分辨率商业卫星，可提供 1.8m 分辨率的多光谱影像和 0.46m 分辨率的全色影像。由于没有历史存档数据，编程获取了 0.5m（给中国区域只定制 0.5m 分辨率）大野口流域 WorldView-2 立体像对，数据时间为 2012 年 5 月 16 日，采用 WGS84 地理坐标系。

（2）MODIS 大气陆地产品。包括 MODIS 上午星 Terra 和下午星 Aqua 的 16 天合成产品 BRDF/Albedo 核系数产品 MCD43A、MODIS 气溶胶产品 MOD04_L2/MYD04_L2、MODIS 水汽产品 MOD05_L2/MYD05_L2。

（3）Landsat TM 影像集。本研究区选择轨道号为 133033 的 Landsat5 TM 遥感数据，用于地表反照率遥感反演。

（4）大野口流域 0.5m 空间分辨率 WorldView-2 正射影像，用于制作 MODIS 核系数产品降尺度分析中的土地利用分类图。

（5）30m 空间分辨率的 DEM 数据源来自 NASA 新一代对地观测卫星 Terra ASTER GDEM（Advanced Spaceborne Thermal Emission and Reflection Radiometer, Global Digital Elevation Model）产品。

2. 地面观测数据集

除了遥感影像与 DEM 数据外，地面观测数据集也成为研究的重要数据集，主要用于遥感估算结果验证，为 DEM 数据提取提供精确位置信息等。主要包括以下几类。

（1）地面站点气象观测值。研究区选择关滩森林站和马莲滩草地站两个气象站点的辐射观测数据用于精度验证。

（2）国家大地控制点成果。成果控制点的平面基准为 CGCS2000，高程基准是 1956 年黄海高程系，用于联测研究区大地控制网及像控点、检查点坐标。

（3）外业 GPS 像控点测量。由于流域地形复杂，交通与通信极为不便等因素，常采用 GPS 静态测量建立大地控制网，在测区内部加密 5 个控制点。在此基础上，用 GPS-RTK 技术在房角点、道路交叉点等明显地物点进行像控点测量。

其中，Landsat 5 TM 主要来自中国科学院数据云[①]提供的 Landsat 遥感影像数据集，数字高程模型 DEM、MODIS BRDF/Albedo 产品（MCD43A1）均来自于 WIST[②]。WorldView-2 立体像对和 GPS 差分测量成果来自黑河流域生态–水文过程综合遥感观测联合试验 Hiwater（http://www.heihedata.org/water）。

## 2.1.2　老虎沟 12 号冰川

老虎沟 12 号冰川（96.5°N，39.5°E）位于青藏高原的西北边缘，地处北坡，长约 9.85km，面积约 20.4km²。该冰川是疏勒河流域重要的水源，是祁连山区面积最大的山谷冰川，也是该地区最典型的大陆冰川（Qin et al., 2015；Chen et al., 2018）。流域内年平均气温超过 0℃，其降水主要发生在夏天。近年来，由于区域气候变暖及湿度增加，老虎沟 12 号冰川开始退缩（杜文涛等，2008）。如图 2.4 所示，冰川地形十分复杂，尤其是在南部冰川积累区。根据德国航空航天中心（DLR）提供的 TanDEM-X DEM 数据集（12.5m 空间分辨率），显示冰川的高差大于 1200m（高程从 4202–5427m）。

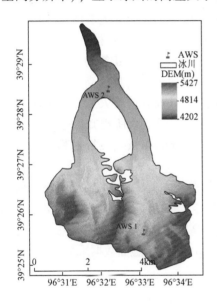

图 2.4　老虎沟 12 号冰川位置及地形

老虎沟 12 号冰川上安装的两个自动气象观测站均位于相对平坦的区域（倾斜度小于 3°的斜坡）。其中，位于积累区的观测站 AWS1 经纬度为 96°33′21.8″E，39°25′39.5″N，海拔高度为 5040m，从 9 月下旬或 10 月初到来年 7 月下旬通常都被积雪覆盖。消融区观测站 AWS2 经纬度为 96°32′6.1″E，39°28′32.2″N，海拔高度在 4550m 附近。

---

①　http://www.csdb.cn/.

②　https://scihub.copernicus.eu/.

在两个观测站上都配备了 KippZonen CNR1 四分量辐射计，输出光谱范围为 0.3-2.8μm 的太阳短波辐射和冰面反射的短波辐射能量，同时输出 4.5-42μm 的太阳长波辐射和冰面反射的长波辐射能量。其数据采集器 CR1000 耐低温（-55℃），每 30min 记录一次数据。值得注意的是，如果日射强度计传感器上被积雪或霜覆盖，或者太阳高度角较低时，仪器的辐射能量测量值可能会失真，Sun 等（2014）提供了站点观测的辐射四分量详细数据处理和质量控制方法。

本研究区所用数据集主要包括 Sentinel-2 卫星产品（https://scihub. copernicus. eu/）和从德国航空航天中心申请高分辨率 TanDEM（12.5m）数据。Sentinel-2A/B MSI 数据用于冰雪面积及地表反照率反演，TanDEM 数据主要用 Sentinel-2 产品地形校正。

## 2.2　高分辨率 DEM 数据制备

数字地形模型（Digital Terrain Model，DTM）最初是由美国麻省理工学院 Miller 教授为了高速公路的自动设计于 1956 年提出来的。数字高程模型（DEM）是描述地形起伏形态特征的一种基础地理数据产品，是 DTM 的一个分支，表示区域 D 上地形的三维向量有限序列 $\{x, y, z\}$，其中 $(x, y)$ 是区域 D 上的平面坐标，$z$ 是地表高程。与 DEM 相对应的是数字表面模型 DSM（digital surface model），是一种包含了地表建筑物、桥梁和树木等高度的表面高程模型，它进一步涵盖了除地表面以外的其他地表信息的高程，可最真实地表达地面起伏情况。如果数据是利用光学立体像对获得，且没有进行人工立体编辑的产品，一般来说实质就是 DSM，而并非 DEM。DSM 应用比较广泛，众所周知的巡航导弹不仅需要 DEM，更需要的是 DSM 数据，这样才有可能使巡航导弹在低空飞行过程中，逢山让山，逢森林让森林。

DEM 数据生产方法较多，根据数据源及采集方式主要分为 4 类：①直接在野外从地面实测地面点观测数据，如用差分 GPS、全站仪等；②获取航空、航天立体像对，利用摄影测量原理提取，如数字摄影测量等；③从现有地形图上采集等高线、高程点等矢量，然后通过内插生成 DEM；④利用机载与星载激光测高仪、激光雷达 LIDAR 进行地面数据采集。

### 2.2.1　全球 DEM 数据产品

#### 1. NASA SRTM

美国航天飞机雷达地形任务（SRTM）于 2000 年 2 月 11 日至 22 日在奋进号航天飞机上搭载了两个合成孔径雷达（SAR）干涉仪：德国/意大利 X-SAR 和美国 SIR-C 仪器。NASA 利用 C 波段雷达仪器 SIR-C 的 InSAR 技术，对 60°N 和 60°S 之间（约占地球土地质量的 80%）的大陆区域进行地形图绘制，获得 SRTM DEM 数据。

NASA SRTM 有多个版本（V1，V2，V4），多种格式（hgt/Geotiff/Bil/Arc Grid），多种精度（SRTM1/SRTM3/SRTM30）。其中，V1 版原始版本，V2 版为利用现有水体数据

库，在 V1 版基础上进行修正的版本，V4 版是在 V2 版缺失数据区域进行插值和修补的版本。SRTM1 是以地球等角坐标系的 1 角秒作为采样间隔（约 30m），SRTM3 和 SRTM30 分别是以 3 角秒和 30 角秒为采样间隔（约 90m 和 900m）。早期，NASA 只公开美国本土采样间隔为 30m 的 DEM 数据，将全球数据采样间隔为 90m 的 SRTM 对外免费开放。2014 年 9 月，NASA 宣布 30m SRTM 数据对全球用户免费开放，用户可以通过例如美国地质调查局的 EarthExplorer 网站①获得全球 1ms（30m）SRTM DEM。

### 2. DLR SRTM

2000 年 2 月，德国航空航天中心（DLR）将 X 段雷达 SRTM X-SAR 搭载于美国奋进号航天飞机上，获得了比美国 C 波段精度更高的 25m SRTM DEM 数据。然而由于航天飞机是按美国的测绘需求飞行的，且 X 波段覆盖范围更窄，因此只获得了覆盖全球的呈网状分布的数据。SRTM X-SAR DEM 数据于 2011 年向全球免费开放②，其高程相对精度高达 6m，绝对精度为 16m。

### 3. GDEM

ASTER 于 1999 年 12 月 18 日随 Terra 卫星发射升空，其主要任务是通过 14 个波段获取整个地表的高分辨遥感数据，其中包括两个近红外（0.78 – 0.86μm）的同轨立体波段。2009 年发布了 ASTER GDEM（全球 30m DEM）第 1 版，涵盖了 83°N 至 83°S 之间的所有陆地。ASTER GDEM V.1 是通过自动处理整个 ASTER 存档（从 2000 年到 2009 年获得的约 150 万景影像）制作的。ASTER GDEM V.2 于 2011 年发布，是当时全球免费开放的最高分辨率 DEM 数据。其处理算法在一版本基础上进行了改进，提高了 DEM 产品高程精度，同时还增加了 2008 – 2011 年获取的影像数据（约 25 万景影像），2019 年发布的 ASTER GDEM V.3 数据集新增了约 36 万景影像，减少了高程空白区域和水域高程异常值。

### 4. ALOS World 3D DEM

ALOS（高级陆地观测卫星）由日本宇宙航空研究开发机构（JAXA）于 2006 年 1 月发射成功，其搭载的立体测绘 PRISM 传感器具有立体观测的能力，能够同时获得下视点（NDR）、后视（FWD）和前视（BWD）的同一轨道立体全色波段（0.52 – 0.77μm）影像，下视空间分辨率为 2.5m。在 ALOS 卫星运行期间，采集了覆盖全球的大约 650 万景影像，将所有云覆盖率不到 30% 的影像（约 300 万景影像）运用自动化处理工具，生成了 5m 分辨率的 DEM 数据集。基于商业发行的 5m DEM 数据集，生产的高程精度相似的 30m 分辨率 DEM 数据集 AW3D30 于 2015 年 5 月为全球用户免费提供③。AW3D30 最新版本 2.1 于 2018 年 4 月发布，是在对南北纬 60° 范围内的云和雪像元进行了处理的基础上，校

---

① http://earthexplorer. usgs. gov.

② https://download. geoservice. dlr. de/SRTM_XSAR/.

③ https://www. eorc. jaxa. jp/ALOS/en/aw3d30/registration. htm.

准了绝对偏移误差及沿轨道的相对条纹误差，进一步提高了地表高程精度，已经成为科学研究的理想数据源。

### 5. TanDEM-X DEM

TanDEM-X DEM 是德国航空航天中心（DLR）制作的新数据集，范围覆盖全球。TanDEM-X 任务（用于数字高程测量的 TerraSAR-X 附加组件）的目标是，利用分别于 2007 年和 2010 年发射的两颗卫星 TerraSAR-X 和 TanDEM-X 组成的双星系统，通过雷达干涉合成孔径雷达 InSAR 技术获得高精度 DEM 数据。由于所采用的 SAR 数据对之间时间间隔短而相干性强，极大地提高了 DEM 生产精度。目前，TanDEM-X DEM（简称 DEM）数据集对全球用户有限开放，可通过注册申请面积不大于 10 万 km² 的 12.5m 和 30m DEM 数据，其中 12.5m 的 TanDEM-X DEM 相对高程精度优于 2m，绝对高程精度优于 10m。

## 2.2.2 基于 WorldView-2 立体像对的 DEM 提取

空间分辨率，即地面采样间隔，是 DEM 描述地形精确程度的一个重要指标，也是决定其用途的主要影响因素。尽管国际上能够免费获取的 DEM 数据集较丰富，但不同数据集存在各自的优缺点，尤其是在偏僻且地形复杂的山区精度普遍偏低。同时，在复杂山区地表短波净辐射遥感估算等实际模型应用中，常常需要 2~5m 空间分辨率的 DEM 数据，以便更为精确地描述地形细部特征。随着数字摄影测量技术与航天卫星传感器技术的飞速发展，卫星立体像对已经成为提取高分辨率 DEM 的重要途径。因此，利用卫星立体像对的摄影测量方法快速准确提取高精度 DEM 是一项非常有实用价值的基本工作。

WorldView-2 卫星于北京时间 2009 年 10 月 9 号凌晨，在加利福尼亚州范登堡空军基地成功发射升空，是 DigitalGlobe 公司迄今为止分辨率最高的商业遥感卫星。它是世界首颗能够提供 8 个波段多光谱数据的高分辨率商业卫星，可以提供 1.8m 分辨率的多光谱影像和 0.46m 分辨率的全色立体像对。美国 LPS 及国内 JX4、VirtuoZo、MapMatrix、Geoway 等数字摄影测量系统均支持 WorldView 立体像对 DEM 提取，本书选择 LPS 系统进行影像匹配，建立地表立体模型，并对自动匹配点进行特征点、特征线编辑等工作，提高 DEM 精度（张彦丽等，2013）。为了提高数据利用率，适应各种研究的需要，最终制备了 CGCS 2000 和 WGS84 两套坐标系统的高分辨率 DEM（2m），从而为该流域各项地学研究提供科学、可靠、方便的基础资料。

### 1. 数据源

制备 DEM 数据及其质量检验所用的数据源主要有 4 类：WorldView-2 立体像对及其 RPC 文件；国家大地控制点成果；外业 GPS 像控点测量成果；大野口流域 1∶10 万等高线数据及 2004 年遥感实验数据集 QuickBird 多波段遥感影像产品。

### 2. DEM 立体量测原理

摄影测量学基本原理是，通过准确恢复摄影时立体像对左右影像的位置关系，以及地表在两张影像上的同名点，精确获取地表三维信息。目前，为了保护卫星的核心技术参数（如轨道参数等）不被泄露等，各商业卫星厂商提供了一种与传感器无关的通用型成像几何模型——有理函数模型（RFM），来替代传统共线条件为基础的严格几何模型。该模型可以直接建立起像点和地面坐标之间的关系，不需要像片的内、外方位元素，不需要传感器成像的物理模型信息，回避了成像的几何过程。通过一组有理函数模型，描述目标地物点与像点之间的映射关系，将像点坐标 $(r, c)$ 表示为以相应地面点空间坐标 $(X, Y, Z)$ 为自变量的多项式的比值。为了增强参数求解的稳定性，将地面坐标和像点坐标正则化至 –1 和 1 之间，如式（2.1）所示

$$\begin{cases} r_n = \dfrac{p_1(X_n, Y_n, Z_n)}{p_2(X_n, Y_n, Z_n)} \\[2mm] c_n = \dfrac{p_3(X_n, Y_n, Z_n)}{p_4(X_n, Y_n, Z_n)} \end{cases} \tag{2.1}$$

式中，$(r_n, c_n)$ 为正则化的像点坐标；$(X_n, Y_n, Z_n)$ 为正则化的地面点坐标；$p_i(X_n, Y_n, Z_n)$（$i=1$，2，3，4）为以地表空间坐标为自变量的多项式，其最大幂次不超过 3（张剑清等，2009）。有理函数模型中的多项式的系数又称为有理函数的系数 RFC，WorldView-2 RPC 文件提供了 90 个参数，其中 80 个为多项式系数，10 个为规则化参数。在 RPC 文件支持下利用左右像片组成的立体像对，重建地表三维立体模型，根据已知左右影像同名点坐标 $p_1(r_l, c_l)$ 和 $p_2(r_r, c_r)$，带入有理函数模型式（2.1）即可求出该点物方坐标 $(X, Y, Z)$。所以，通过摄影测量影像自动匹配技术，即由计算机视觉代替人眼立体观察，在立体影像上完成同名点自动提取任务，获取研究区任意地物点空间坐标，从而自动提取地表 DEM 数据。

基于 WorldView-2 立体像对及 RPC 文件，通过影像匹配技术，能够自动提取研究区 DEM 数据。但因有理函数模型毕竟不是严格成像物理模型，很多参数没有物理意义，在无地面控制点情况下，单独依靠 RPC 文件建立地面三维模型存在系统误差。为了获取高精度 DEM 数据，必须利用地面控制点对 RPC 文件进行校正。在地面控制点辅助下，利用数字摄影测量系统能够自动获得 DEM 数据。然而，在森林、建筑物等区域，自动匹配影像点一般会落在树顶或建筑物顶部，往往不能获得其底部同名影像点。因而，此时的 DEM 高程数据不是严格意义上的 DEM，而是数字表面模型 DSM，需要针对森林等特殊地物进一步对自动提取的 DEM 数据进行人工编辑工作。

### 3. DEM 数据提取与精度分析

#### 1）DEM 数据提取

图 2.5 为基于光学立体像对提取 DEM 数据的流程图。其中包括外业 GPS 像控点测量、构建立体模型、RPC 文件校正与空中三角测量、特征点线提取及 DEM 编辑等是关键步骤。外业 GPS 像控点测量是高精度 DEM 提取的重要保障，由于研究区周围没有大地控制点成果，需要先要在测区内布设大地控制网。由于大野口流域地形复杂，交通与通信极为不便，而且实地勘察得到大地控制点的数量非常有限，且距离较远（超过 GPS-RTK 测量范

围），很难利用现有国家控制点进行工地校正。因此，区域大地控制网采用 GPS 静态测量，在测区内部加密 5 个控制点。然后在此基础上，用 GPS-RTK 技术在房角点、道路交叉点等明显地物点测量 15 个像控点及 17 个检查点，如图 2.6 所示。外业控制点主要用于立体模型精度验证和分析 RPC 模型的实际精度，并保证 GPS 测量点坐标与同大地控制点成果相同。

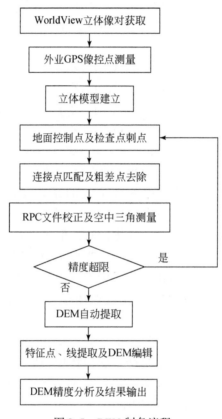

图 2.5　DEM 制备流程

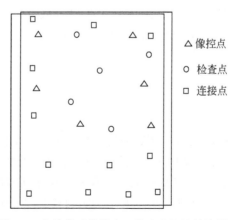

图 2.6　立体像对像控点、检查点和连接点示意

利用 WorldView-2 影像自带 RPC 文件建立初始地表三维模型，将大地测量 GPS 像控点与检查点逐一在左右影像中准确刺点，如图 2.7 所示。需要说明的是，由于大野口流域地形复杂，区域南边森林茂密，山谷中只有很窄的河流通过，GPS 信号非常微弱，尤其是东岔、西岔两地难以到达。因此，GPS 控制点空间分布非常不均，影像自动匹配并测量足够数量分布均匀的影像连接点，则成为南部区域高精度 DEM 提取的重要保障。在立体像对重叠区域内自动生成 80 个分布均匀的影像连接点，经逐一检查每对同名像点，剔除粗差点后，保留了 60 个高精度连接点，如图 2.7 所示（为了图面清晰，影像连接点表示了少许）。在这些高精度像控点、检查点及影像连接点基础上，执行空中三角测量，成果总体精度在 0.5 个像元之内。

图 2.7　在立体像对上进行像控点刺点

DEM 编辑分为两种情况：将森林树顶等匹配点编辑至树根处，即将 DSM 数据编辑为 DEM；将错误影像匹配点通过立体编辑，使其切准地表模型。对于光学遥感影像立体像对，自动匹配点往往分布在地物表面上，因而自动提取的 DEM 实质是 DSM，还需要对一些区域进行特殊编辑处理，如将森林匹配点从树顶移至树根处、将人工建筑物屋顶匹配点移至房基处等。另外，由于研究区地形破碎、像控点分布不均等因素，有些自动匹配点并没有精确地切准地表三维模型，存在大量的"飞点"或"钻地点"，因此需要在 DEM 立体编辑环境中，重新调整这些错误匹配点的高程位置，使其测标切准实际地表模型。同时，由于水面上纹理光滑缺乏明显地物点，常常出现影像自动匹配错误问题，很多水库上的模型点通常不在真正水面上，因此需对大野口水库水域部分进行置平面改正处理。先将测标切准水面，读取水面高程（若有外业实地测量得到的高程，应使用外业值），然后利用置平功能指定该水域内 DEM 点的高程值。另外，为了提高匹配精度及 DEM 编辑效率，对离散碎部点（如山顶、洼地等）、地形变化线（如山脊线、山谷线、断裂线等）等地形特征位置需要增加采集点或进行编辑处理，准确获取一系列地形特征点、特征线数据，辅助重构高精度 DEM 数据。

2）精度分析

DEM 数据提取与编辑工作后，还需对 DEM 产品的格网间距、无效值等基本信息进行检查。在此基础上，从三维景观模型、与已有等高线套合、外业 GPS 检查点与立体模型量测保密点、DEM 剖面分析等方面进行精度评价。

（1）三维景观模型。以 DEM 数据表示地表高度，叠加 2004 年 QuickBird 真彩色遥感影像产品，获得研究区三维景观模型。然后，对大野口流域进行三维浏览，从图2.8可以看出区域地形走向轮廓与 QuickBird 影像数据套合效果较佳，DEM 形态逼真，描述精度高。否则，如果 DEM 精度不高，有时会出现模型上山谷线等明显地形特征地物错位现象。

图2.8　大野口流域三维景观模型

（2）等高线套合。将提取的 DEM 数据通过内插生成等高线回放图，并保持与原始等高线的等高距相同，将两者进行叠加，将 DEM 等高线回放图与原始底图叠合进行检查。蓝色的等高线表示 DEM 回放等高线，红色的为原始等高线。对全区数据经套合分析发现，两者走势基本一致，等高线偏差一般不大于1/2 等高距，如图2.9 所示。

（3）基于外业 GPS 检查点及立体模型量测的保密点。基于三维模型及等高线套合法 DEM 检验均为定性视觉观察分析方法，平均偏差和均方根误差则是生产单位实际生产对 DEM 进行精度验证的最常用方法。这种方法虽然简单易行，但对要检验的检查点自身精度提出了很高的要求。本书通过两种方法获得这些高精度检查点，一是在 WorldView-2 模型上进行人工立体观察，获得 12 个立体模型保密点，二是在 GPS 外业测量中获得 15 个外业地面控制点，但必须保证这些控制点未参与立体模型 RPC 校正。然后，在提取的 DEM 基础上内插得到保密点、外业检查点处的 DEM 高程值，与相应的检查点立体观测值或外业测量值逐一进行比较，其误差空间分布如图2.10 所示。各组平均偏差均值及均方根误差，如表2.4 所示。两组高程均方根误差最大值为1.9m，达到 1∶5000 比例尺山地一级精

图 2.9  DEM 等高线回放图与原始等高线数据套合

度 2.5m 的要求。但从高程误差空间分布来看，区域南部因大地控制点缺乏，精度较差，北部大地控制点分布均匀，整体精度较好。

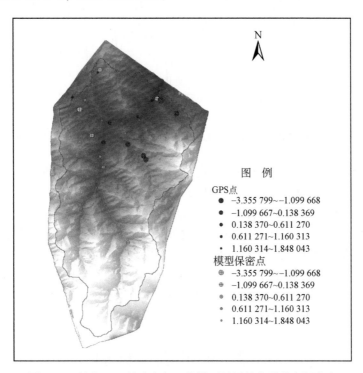

图 2.10  外业 GPS 检查点与立体模型量测保密误差空间分布

表 2.4    外业控制点与保密点高程精度检验结果

| 检查点类型 | 点数 | 平均偏差（m） | 均方根误差（m） |
|---|---|---|---|
| 外业 GPS 控制点 | 15 | −0.16 | 1.9 |
| 立体模型保密点 | 12 | 0.7 | 1.15 |

（4）与 GDEM 数据进行剖面线分析。ASTER GDEM 数据是目前进行各项科学研究的重要数据源，为了分析评价生产的 DEM 精度，选取地形复杂的一剖面线，将 WorldView-2 提取的 DEM 数据与 GDEM 差值进行剖面分析，如图 2.11 所示。从两者离差值的剖面分析可以看出，GDEM 具有削高填低的特点，而本书所获取的 DEM 数据则更能精确地描述地形。在山谷区域，由于沟壑在很窄的距离内下切很深，GDEM 在深沟区域有非常明显的填平作用，WorldView-2 提取 DEM 的高程值较 GDEM 小，能够精确描述深沟地形特征。而在陡峭的山脊位置，两者刚好相反，GDEM 值高于本书所提取的 DEM 值，表明基于 WorldView-2 立体像对提取的 DEM 能够精确描述山脊信息。在其他缓坡地带，两者的误差偏离较小。

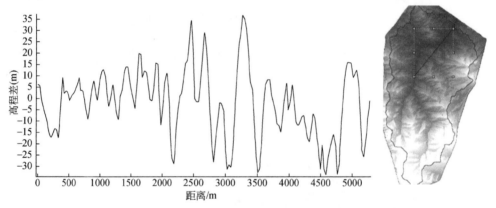

图 2.11    WorldView-2 提取 DEM 与 GDEM 沿纵线高程离差值剖面分析

研究表明，WorldView-2 具有高精度定位系统，仅利用 RPC 文件时，大野口流域立体模型在 $x$、$y$ 方向上的精度在 3m 以内，高程 $z$ 方向坐标精度在 4m 以内。在野外 GPS 控制点辅助下，其定位精度得到显著提高，三个方向坐标精度均在 1m 以内。

利用高精度卫星影像立体像对可以快速提取 DEM 数据，但因地形起伏较大，地形破碎程度较严重，在山脊线、山谷线、地形特征变化线等部位同名自动点匹配精度不理想，需要进行大量人工立体编辑工作。其他如水域、森林等地类，则需通过 DEM 立体编辑操作将自动匹配的 DSM 数据手动转换为 DEM。总之，在立体模型上经大量的人工 DEM 编辑操作，才能获得高精度 DEM 数据。

## 2.3    地形因子计算

在复杂地形山区，地形因子对地表辐射平衡起再分配作用，不论是太阳短波辐射估算精度还是遥感影像地形校正效果均受这些因子的影响。本节在前人研究基础上简要介绍这些地形因子的概念及计算原理，其中遮蔽因子等地形因子算法据 Li 等（1999）。

## 2.3.1 坡度及坡向

坡度和坡向是山区的两项最基本特性，两者是决定地表面局部地面接收太阳短波辐射和重新分配太阳短波辐射量的重要地形因子。

### 1. 坡度

坡度为地表单元陡缓的程度，是地表单元的法向量与 $z$ 轴的夹角，用过坡面一点的切平面与水平面的夹角，描述地表坡面的倾斜程度，其大小直接影响坡地的稳定程度。早期，坡度的缓急常由等高线的疏密程度来判断，在等高距相同的情况下，等高线越稀疏地势越平坦，反之，等高线越密则地势越陡峭。

目前，基于 DEM 数据的坡度与坡向算法较多，通常采用 ArcGIS 提取算法。基于 DEM 数据，通过逐点逐行移动 3×3 分析窗口，计算每个网格的坡度值，直到所有 DEM 区域移动完全，完成整个区域坡度计算工作。坡度取决于表面从中心像元开始在水平（$dz/dx$）方向和垂直（$dz/dy$）方向上的变化率（增量），一般取 3×3 窗口，如图 2.12 所示。详细算法见 Arcgis 操作手册。

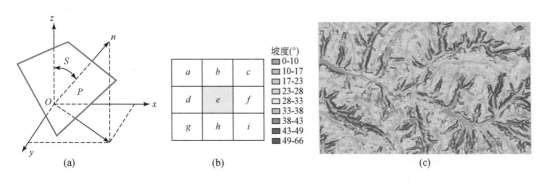

图 2.12　坡度计算
（a）定义；（b）3×3 分析窗口；（c）坡度

### 2. 坡向

坡向是坡面一点的切平面的法线在水平面的投影与该点的正北方向的夹角，描述坡面的朝向。坡向可以通俗理解为坡面由高到低的方向，是坡面某一位置处的最陡下坡方向。

坡度、坡向均可以用罗盘进行实地测量。在数值计算中，通常是逐点逐行移动 3×3 分析窗口，计算每个网格的坡度与坡向值，直到所有 DEM 区域移动完全，完成整个区域的计算工作。坡向取决于表面从中心像元开始在水平（$dz/dx$）方向和垂直（$dz/dy$）方向上的变化率最大的方向。坡向的基本算法详见 Arcgis 操作手册，此处不再赘述。

坡向对光照、温度、降水、土壤质地等特性具有重要影响。坡向以度（°）为单位按逆时针方向进行测量，将角度范围介于 0（正北）到 360°（仍是正北，循环一周）之间的空间平分为 8 个坡向。平坡没有方向，平坡的坡向值通常被指定为−1。对北半球而言，南坡处于阳坡，接收的太阳短波辐射最大，其次是西南坡和东南坡，北坡因经常处于阴影区域而接收的太阳短波辐射最小（图 2.13）。

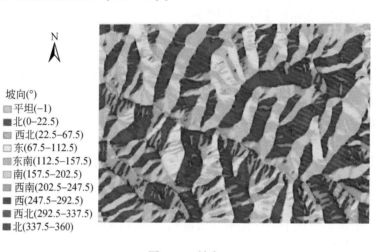

图 2.13　坡向

## 2.3.2　遮蔽系数

太阳照射地表，由于地形起伏，目标地物被周围高山所遮挡，此时遮蔽系数为零，表明地物无法接收到太阳直接辐射和来自太阳方向的各向异性散射辐射。在崎岖的山区，尤其当太阳天顶角比较大时，地形遮蔽现象随处可见，严重影响山区能量分布，从而影响温度、水分等地表参数的空间分布。对于栅格数据而言，如 TM 遥感影像，可近似地把像元作为质点，遮蔽系存在两个取值：0 表示遮蔽，1 表示未遮蔽。目前，很多软件工具提供了遮蔽系数的计算，如 ARCGIS、ATCOR3 等。

本书沿用 Li 等（1999，2002）的算法，具体思路如下：从目标像元出发，首先根据太阳方位角确定追踪方向及锁定该方向最近像元，依据周围像元与目标像元之间的高度角与太阳高度角的比较，判断该追踪像元是否遮蔽目标像元。若高度角小太阳高度角，则没有遮蔽，继续在追踪方向寻找下一个相邻像元。若高度角大于太阳高度角，表明遮蔽了目标像元，将遮蔽系数赋值为零并退出循环。如果还是没有遮蔽，继续判断下一个像元直到达到追踪深度，将目标像元遮蔽系数赋值 1 同时退出循环，并标记目标像元未被遮蔽，如图 2.14 所示。

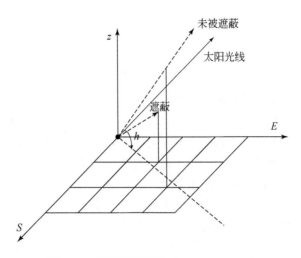

图 2.14  地形遮蔽因子（Li et al.，2002）

## 2.3.3  地形结构因子

如图 2.15 所示，定义地形结构因子 $F_{ij}$ 为从第 $i$ 个像元出发的辐射能中，可以到达第 $j$ 个像元的部分。地形结构因子是一个只与地形有关的纯几何量，与波长无关。其计算公式如下（Li et al.，2002）

$$F_{ij} = \frac{1}{A_i}\int_{A_i}\int_{A_j}\frac{\cos\phi_i\cos\phi_j}{\pi r^2}\mathrm{d}A_i\mathrm{d}A_j \qquad (2.2)$$

式中，$A_i$ 和 $A_j$ 分别是第 $i$ 个和第 $j$ 个像元的面积；$\phi_i$ 和 $\phi_j$ 分别是第 $i$ 个和第 $j$ 个像元法线与它们连线的交角；$r$ 是第 $i$ 个和第 $j$ 个像元的距离。

当像元分辨率很高时，可以近似地使用下式计算地形结构因子

$$F_{ij} = \frac{\cos\phi_i\cos\phi_j}{\pi d^2} \quad \text{if } \cos\phi_i > 0 \ \& \ \cos\phi_j > 0 \qquad (2.3)$$

$$F_{ij} = 0 \quad \text{otherwise}$$

式中，$d$ 是以像元个数为单位的第 $i$ 个和第 $j$ 个像元的距离。

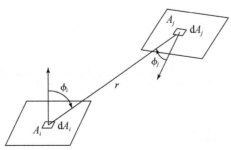

图 2.15  地形结构因子（Li et al.，2002）

### 2.3.4 天空可视因子

太阳短波辐射在透过大气照射地表过程中,一部分能量受大气粒子作用向四面八方散射,一部分能量又以天空漫散射的形式照射地面,这种散射辐射能量随大气条件而变,同时也受局部地形条件的制约。在完全阴天条件下,由于太阳直接辐射为零,地表接收到的太阳短波辐射全部来自天空漫散射。在平坦地区,地表能够接收到来自整个半球空间的天空漫散射。但是在复杂地形区,由于周围地形遮挡,天空可视因子往往小于1,导致接收到来自半球空间的天空漫散射辐射能力降低。

天空可视因子就是指地表为原点,向上看到的天空区域占半球空间的比例,取值在0和1之间。它表示周围地形对目标地物的遮挡程度,决定了某一点所接收的天空散射光的多少。具体算法为(图2.16):把半球$2\pi$空间划分为$n$等份,在每一等份"天空"上沿光线在$xy$平面上的投影方向追踪,依次计算此方向上每一坡元与起点坡元的高度角,找出最大高度角,标记为$h_i$,$h_i$把天空分为上下两部分。用球面积分得到被遮蔽部分的面积,可以证明,未被遮蔽部分所占的"天空"面积比例$k$

$$k = 1 - \sin h \tag{2.4}$$

当像元位于孤立山峰等地形时,$k$可以>1。

因此,天空可视因子$V_{\text{iso}}$被表示为

$$V_{\text{iso}} = \frac{1}{n} \sum_{i=1}^{n} (1 - \sin h_i) \tag{2.5}$$

天空可视因子反映了周围地形遮蔽对各向同性散射的影响。

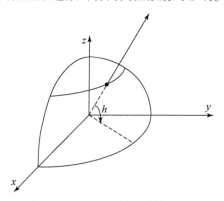

图2.16 天空可视因子计算示意图

## 2.4 MODIS 产品数据处理

### 2.4.1 MODIS 卫星简介

美国航空航天局(National Aeronautics and Space Administration,NASA)地观测系统

（Earth Observing System，EOS）将两个设计完全相同的 MODIS 传感器分别搭载在 Terra 卫星和 Aqua 卫星上，分别于 1999 年 12 月和 2002 年 5 月发射成功。Terra 在地方时上午 10：30 左右过境，Aqua 在地方时下午 1：30 左右过境，这样每天可以获得 2 次白天更新数据，实时动态监测全球陆地、海洋和低层大气内的动态变化过程。MODIS 其拥有 36 个波段，覆盖可见光—近红外（0.405 – 14.385μm）波谱段，前两个波段空间分辨率为 250m（QKM），3–7 波段为 500m（HKM），其余各波段空间分辨率为 1km（1KM）。MODIS 科学团队在 1B 数据基础上针对大气、陆地和海洋等应用生产了不同用户级别不同类型的 45 种 MODIS 产品，满足地球科学领域多方面的应用需求，且向全世界免费发布。Terra 卫星上的 MODIS 数据命名为 MOD-，Aqua 卫星上的 MODIS 数据命名为 MYD-，二者的联合产品命名为 MCD-。本书在估算大气透过率和计算地表 BRDF 特性时均涉及 MODIS 水汽产品 MOD05_L2。MODIS 气溶胶产品 MOD04_L2 和 MODIS 核系数产品 MCD43A。

第 4 版本开始 MODIS 数据产品均采用正弦投影方式（sinusoidal），存储为 HDF-EOS 格式，不符合一般软件读取格式，因此需要进行重新投影与数据格式转换。同时，MODIS 传感器的扫描角度较大，地球曲率及多行数据同时扫描产生的畸变使得数据需要进行 Bowtie（或蝴蝶效应）纠正。

## 2.4.2　MODIS 大气产品

选择 NASA 专门开发的软件工具进行重投影/数据格式转换与几何畸变校正两方面的数据处理，一般陆地产品 MCD43A 利用 MRT（MODIS Reprojection Tool）处理，MOD04_L2 和 MOD05_L2 大气产品则借助 MRTSwath 软件进行处理。

MODIS 数据记录有两种方式：一种是以整景数据 swath，按影像获取时间对数据进行分块，每个数据块包含大约 5min 的 MODIS 数据；另外一种是分幅数据，即瓦片组织方式，将全球按照 10°经度×10°纬度（1200km×1200km）的方式分片，全球陆地被分割为 600 多个瓦片，每一个由水平编号和垂直编号共同组成。这两种数据的命名规则与相应的处理软件不同。一般，分辐记录的数据产品选择 MRT 软件，整景数据记录方式的文件必须选择 MRTSwath 工具软件，它是专门设计的以适应 LP DAAC MODIS swath 产品，且所有的投影都需要额外输入相应的 MODIS L1B 地理定位文件。除个别项外，两种数据的命名规则大致相同，为了消除混乱，下面详细列出两类数据的命名规则。

1）分景数据 swath

以 MCD43A1. A2010233. h25v05. 005. 2010254203657. hdf 为例。MCD43A1 表示产品名称缩写与级别，表示 MODIS BRDF/Albedo 产品；A2010233 表示数据获得时间（A-YYYYDDD）；h25v05 表示分片标示（水平 $XX$，垂直 $YY$）；005 表示数据集版本号；2010254203657 表示产品生产时间（YYYYDDDHHMMSS）；hdf 表示数据格式（HDF-EOS）。

2）分辐数据

以 MOD04_L2. A2008131. 0425. 005. 2008132090507. hdf 为例。MOD04_L2 表示产品名称缩写与级别，表示 2 级产品 MODIS 气溶胶 AOD 产品；A2008131 表示数据获得时间 2008 年第

131 天（以每年 1 月 1 日为第一天）；0425 表示卫星过境时间，换算成北京时间要加 8 小时；005 表示数据集版本号；2010254203657 表示产品生产时间（YYYYDDDHHMMSS）；hdf 表示数据格式（HDF-EOS）。

经数据预处理后得到 2009 年 8 月 11 日 MODIS Terra 大气产品及各核系数产品，如图 2.17 所示。

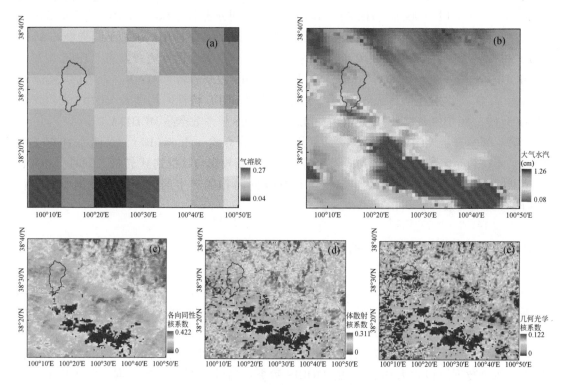

图 2.17　MODIS 大气产品和核系数产品

（a）气溶胶光学厚度；（b）大气可降水厚度；（c）各向同性核系数；（d）体散射核系数；（e）几何光学核系数

## 2.5　Sentinel-2 产品及数据处理

### 2.5.1　Sentinel-2 卫星简介

哨兵-2 号（Sentinel-2，简称 S2）卫星是由欧盟委员会（EC）和欧洲航天局（ESA，简称欧空局）合作执行的哥白尼计划（GMES）中的高分辨率光学地球观测任务，其由两颗在同一轨道且相位差为 180°的极轨卫星组成。相比 Landsat 与 SPOT 卫星，Sentinel-2 卫星具有更大的刈幅宽度（290km）、更高的辐射分辨率（12bit）、光谱分辨率（13 谱段）和空间分辨率（10m、20m）、更可靠的几何稳定性以及更高的时间分辨率（5 天），如表 2.5 所示。其将有助于 SPOT 与 Landsat 系列多光谱任务的连续性，为土地资源与环境监测提供高质量的数据。

表 2.5　Sentinel-2 卫星与 Landsat、SPOT 基本参数对比

| 参数 | Landsat | SPOT | Sentinel-2 |
| --- | --- | --- | --- |
| 卫星颗数 | 8 | | 2 |
| 测量方式 | 扫描 | 推帚式 | 推帚式 |
| 重访周期（d） | 16 | 26 | 5 |
| 刈幅宽度（km） | 185 | 60 | 290 |
| 波段数 | 7（或8） | 4+1（全色波段） | 13 |
| 空间分辨率（m） | 30, 60 | 10, 20, 5 (2.5) | 10, 20, 60 |

哨兵-2 号卫星多光谱传感器（Multispectral Instrument，MSI）具有从可见光/近红外到短波红外的 13 个光谱段，其特征如下（图 2.18）：4 个空间分辨率为 10m 的波段，分别为经典蓝波段（490nm）、绿波段（560nm）、红波段（665nm）和近红外波段（842nm）；6 个空间分辨率为 20m 的波段，分别为 4 个具有植被红边光谱的窄波段（705nm、740nm、783nm 和 865nm）以及 2 个具有冰/雪及云探测的宽波段红外波段（1610nm 和 2190nm）；3 个空间分辨率为 60m 的波谱段，主要用于大气校正和云检测，例如波长为 443nm 的波段 1 用于气溶胶反演，波长为 945nm 的波段 9 用于水汽反演，波长为 1375nm 的波段 10 用于卷云探测（图 2.19）。

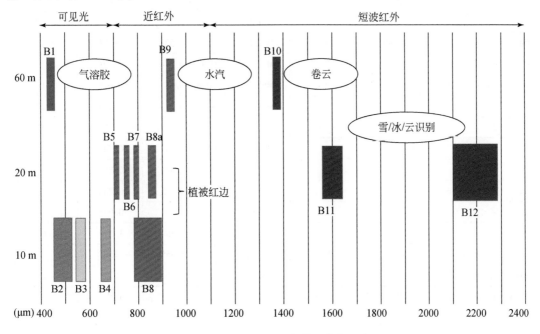

图 2.18　Sentinel-2 卫星光谱段分布及应用

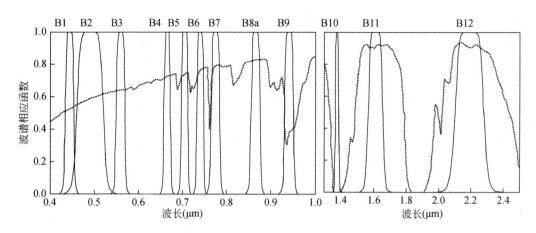

图 2.19　Sentinel-2 波谱响应函数与典型的大气透过率曲线（点线）（据 Richter 等，2017）

Sentinel-2 号卫星数据记录了地表与大气的可靠信息，无疑将替代全球利用率最高的 Landsat 系列卫星数据，成为新一代地球资源与环境监测的重要免费数据源①。Landsat TM 与 Sentinel-2 MSI 波段分布及空间分辨率对比见表 2.6。

表 2.6　Landsat TM 与 Sentinel-2 MSI 波谱段信息

| Landsat TM | | | | Sentinel-2A/B MSI | | | |
|---|---|---|---|---|---|---|---|
| 波段 | 波谱范围<br>（μm） | 中心波长<br>（μm） | 空间分辨率<br>（m） | 波段 | 波谱范围<br>（μm） | 中心波长<br>（μm） | 空间分辨率<br>（m） |
| | | | | MSI-1 | 0.433-0.453 | 0.443 | 60 |
| TM1 | 0.45-0.52 | 0.485 | 30 | MSI-2 | 0.458-0.523 | 0.49 | 10 |
| TM2 | 0.52-0.60 | 0.56 | 30 | MSI-3 | 0.543-0.578 | 0.56 | 10 |
| TM3 | 0.62-0.69 | 0.66 | 30 | MSI-4 | 0.65-0.68 | 0.665 | 10 |
| | | | | MSI-5 | 0.698-0.713 | 0.705 | 20 |
| | | | | MSI-6 | 0.733-0.748 | 0.74 | 20 |
| | | | | MSI-7 | 0.773-0.793 | 0.783 | 20 |
| | | | | MSI-8a | 0.855-0.875 | 0.865 | 20 |
| TM4 | 0.76-0.96 | 0.83 | 30 | MSI-8 | 0.785-0.90 | 0.842 | 10 |
| | | | | MSI-9 | 0.935-0.955 | 0.945 | 60 |
| | | | | MSI-10 | 1.36-1.39 | 1.375 | 60 |
| TM5 | 1.55-1.75 | 1.65 | 30 | MSI-11 | 1.565-1.655 | 1.6 | 20 |
| TM7 | 2.08-3.35 | 2.215 | 30 | MSI-12 | 2.1-2.28 | 2.19 | 20 |

注：Landsat TM 有 6 个可见光/近红外波段，Sentinel-2 MSI 有 13 个，表格空白处表示 TM 没有对应波段。

① https://scihub.copernicus.eu/dhus/#/home.

## 2.5.2 Sentinel-2 L2A 产品

ESA 发布的 S2 L1C 产品是经过几何精校正的大气顶（TOA）反射率正射影像，提供了 10m、20m 和 60m 三种空间分辨率数据。S2 Level-2A（L2A）产品则是对 L1C 产品进行了大气、地形和卷云进行校正（后两种数据处理属于可选项）后的二级产品，不仅提供了大气底部（bottom-of-atmosphere，BOA）地表反射率数据，同时也为用户输出水汽 WV 产品和气溶胶光学厚度产品 AOT（550nm），成为地表反照率反演、地表辐射通量估算等模型的重要输入参数。目前，官方网站只提供 2018 年 12 月以后采集的全球 Level 2A 产品，除欧洲外在此之前获取的数据都需要将下载的 TOA 反射率数据自行处理成 Level 2A 产品。

Sentinel-2 号卫星官方网站为用户免费提供 Sen2Cor 软件，可根据用户需求将 Level 1C 产品进行处理得到 Level 2A 数据。该软件采用 LibRadtran/ATCOR3 大气辐射传输模型进行大气校正与地形校正。Sentinel-2 L 2A 算法基于 ATCOR3 模型在以下 5 个方面进行了改进：将 ATCOR 与 SMAC（simplified method for atmospheric correction）算法进行合并；将地面高程提高到 8km，扩展了高山地区的使用范围；地表覆盖分类图作为地形标准化输入数据；增加了邻近效应校正；以 MODIS 月积雪产品作为先验数据。

## 2.5.3 用户自定义的 Sentinel-2 L2A 产品

### 1. Sen2Cor 数据处理原理

Sentinel-2 研究团队为用户提供的 Sen2Cor 地形标准化工具，能够输出 Level 2A 地表反射率产品。该模型的大气透过率函数引入了 MODTRAN4 辐射传输模型，地形校正算法则由 Richter 团队开发，在假设地表为朗伯体条件下，地表真实反射率 $\rho$ 计算如下

$$\rho = \frac{\pi(d^2 L_{\text{TOA}} - L_{\text{p}})}{T_{\text{v}}(E_{\text{dir}} + E_{\text{dif}} + E_{\text{ref}})} \tag{2.6}$$

$$E_{\text{dif}} = V_s T_s E_0 \cos i_s \tag{2.7}$$

$$E_{\text{ref}} = \frac{(E_{\text{dir}} + E_{\text{dif}})\rho_{\text{terrain}} V_{\text{terrain}}}{\pi} \tag{2.8}$$

式中，$d$、$L_{\text{TOA}}$、$L_{\text{p}}$、$E_{\text{dir}}$、$E_{\text{dif}}$、$E_{\text{ref}}$、$T_{\text{v}}$ 和 $T_s$ 分别表示平均日地距离改正系数、TOA 辐射亮度、程辐射、太阳直接辐射、散射辐射、周围地形反射辐射、地表-传感器方向的大气透过率和太阳-地表方向的大气透过率。$V_s$、$E_0$、$\cos i_s$、$\rho_{\text{terrain}}$ 和 $V_{\text{terrain}}$ 分别表示地表遮蔽系数、大气顶太阳辐照度、坡元太阳实际照射角余弦值、周围可见坡元平均反射率和地形可视因子。坡元接收的太阳辐照度分量及各地形因子的算法详见文献（Richter，1998）。

对于遥感影像地形校正，则需要重点考虑以下三个问题：坡元接收的太阳波谱辐照度、DEM 的精度和空间分辨率以及描述地表各向异性反射特征的地表 BRDF。Richter

(1997）详细阐述了坡面上接收的波谱辐照度估算原理，其关键在于基于 DEM 的坡度、坡向、坡元照射角等地形因子参数的精确计算。因此，在遥感影像地形校正中，DEM 数据必须尽可能准确地描述地形地貌。

地形校正的第三个关键参数是地表 BRDF 反射特征。在山区，大多数地表类型具有明显的各向异性反射特性。坡元地表反射率值同时依赖于太阳照射角与传感器观测角的几何特征。在平坦地区，太阳照射角与传感器观测角近似为常数，对同一种地表类型可以假设地表遵循朗伯体地表反射特征。然而在山区，这种假设将为地表反射率反演带来较大的不确定性。例如，当太阳天顶角较大如 40°，地表坡度在 30°~50° 时，太阳实际照射角将在 0°~90° 变化。尤其当太阳实际照射角为 90° 附近的极端情况下，大多数地表类型呈现出明显的 BRDF 特征。因此，通过选择一个经验函数 $G$，调节微弱照射区域由于 BRDF 出现高反射的情况。Richter（1997）提供了 4 种 $G$ 函数公式，用于调节与相邻区域相适宜的照射角，从而降低在极端几何条件下地物高反射率值。经验函数 $G$ 的范围在指定的下边界 $g$ 和 1 之间，一般情况取 $g=0.25$。设置一个角度阈值 $i_T$，BRDF 仅考虑极端入射角或出射角的区域，意味着角度在 $i_T$ 与 90° 之间的照射几何条件下才引入经验函数 $G$。若 $G$ 的值大于 1 则设置为 1，否则 $G$ 的值小于边界 $g$，则将其重置为 $g$。对于观测方向在天顶附近的 Landsat 等高分辨率卫星传感器而言，经常选用以下两种 $G$ 函数

$$G = \frac{\cos i_s}{\cos i_T} \tag{2.9}$$

$$G = \left( \cos i_s / \cos i_T \right)^{\frac{1}{2}} \tag{2.10}$$

式中，$i_T$ 为角度阈值，表明只有坡元处太阳实际照射角度 $i_s$ 大于等于该阈值时，才使用 G 函数进行 BRDF 校正。否则，如果太阳照射角小于阈值，则认为地表为朗伯体，不区分坡地反射率和平地反射率。根据这种地形校正原则，从而将坡地反射率 $\rho_T$ 转换为平地反射率 $\rho_H$，实现地形校正的目的，即

$$\rho_H = \rho_T G \tag{2.11}$$

## 2. 用户自定义 L2A 产品

DEM 空间分辨率极大地影响遥感影像地形标准化结果，一般情况，DEM 空间分辨率越高，地形效应剔除效果越好，越能够真实再现地表细节信息。因此，本节选择 90m 和 30m 两种 DEM 数据，对 Sentinel-2 L1C 产品进行地形标准化的结果对比分析。如图 2.20 所示，相比 90m DEM 数据辅助下经过地形标准化的遥感影像，30m DEM 数据校正后的影像能够更加清晰地描述地表细节信息。同时，从图 2.20（c）和（d）可以看出，遥感影像地形标准化不仅可以有效去除地形遮蔽、坡度、坡向、天空可视因子等引起的地形效应，而且能够进一步提高去除大气效应的能力，且随着 DEM 空间分辨率的提高，去除大气效应（薄云）的效果越佳。本实验也进一步证实了地形效应与大气效应是交互影响的，因此，为了提高山区积雪的遥感判识精度，必须对遥感影像进行大气影响与地形影响的同步校正，即地形标准化处理。

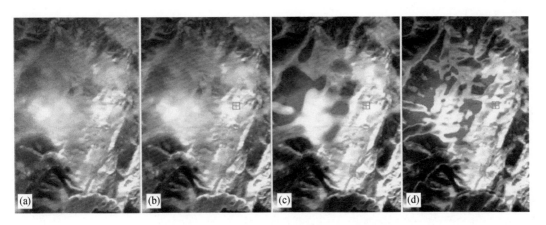

图 2.20　2017 年 12 月 15 日 L1C 影像地形标准化处理结果对比

（a）原始影像；（b）大气校正；（c）基于 90m DEM 地形标准化；（d）基于 30m DEM 地形标准化

由于在 Sen2Cor 处理工具中，默认情况下通常是将 90m 的 SRTM DEM 数据用于 S2 影像的地形标准化处理，获得官方 L2A 产品。因此，利用 30m DEM 得到的 L2A 产品能够更好地消除 S2 图像中的地形效应与大气效应，从而为山区地表参数提取提供了重要的基础数据。

Sentinel-2 L2A 数据生产的关键是在校正文件 GIPP（L2A_GIPP．xml，一般在用户安装目录下 C：\users\administrator\my documents\sen2cor\2．5\cfg\可以找到）中对 DEM 数据、大气与地形校正等参数进行设置，具体设置参数如图 2.21 所示。

```
<Level-2A_Ground_Image_Processing_Parameter xmlns:xsi="http://www.w3.org/2001/XMLSchema-instance" xsi:noNamespaceSchemaL
  <Common_Section>
    <Log_Level>INFO</Log_Level>
    <!-- can be: NOTSET, DEBUG, INFO, WARNING, ERROR, CRITICAL -->
    <Nr_Threads>AUTO</Nr_Threads>
    <!-- Nr_Treads determines the number of threads used for reading the OpenJPEG2 images. This is a new
         feature implemented with OpenJPEG 2.3., improving the speed for importing the Bands.
         If AUTO is chosen, the number of treads are deduced, using cpu_count().
         Set this to 1 up to a maximum of 8, if this automatic mode will not fit to your platform -->
    <DEM_Directory>dem/srtm/tiles/GeoTIFF/</DEM_Directory>
    <!-- should be either a directory in the sen2cor home folder or 'NONE'. If NONE, no DEM will be used -->
    <DEM_Reference>http://data_public:GDdci@data.cgiar-csi.org/srtm/tiles/GeoTIFF/</DEM_Reference>
    <!-- DEM_Reference>http://data_public:GDdci@data.cgiar-csi.org/srtm/tiles/GeoTIFF/</DEM_Reference -->
    <!-- disable / enable the upper two rows if you want to use an SRTM DEM -->
    <!-- The SRTM DEM will then be downloaded from this reference, if no local DEM is available -->
    <!-- if you use Planet DEM you can optionally add the local path instead,
         which then will be inserted in the datastrip metadata -->
    <Generate_DEM_Output>TRUE</Generate_DEM_Output>
    <!-- FALSE: no DEM output, TRUE: store DEM in the AUX data directory -->
    <Generate_TCI_Output>TRUE</Generate_TCI_Output>
    <!-- FALSE: no TCI output, TRUE: store TCI in the IMAGE data directory -->
    <Generate_DDV_Output>FALSE</Generate_DDV_Output>
    <!-- FALSE: no DDV output, TRUE: store DDV in the QI_DATA directory -->
    <Downsample_20_to_60>TRUE</Downsample_20_to_60>
    <!-- TRUE: create additional 60m bands when 20m is processed -->
    <PSD_Scheme PSD_Version="14.2" PSD_Reference="S2-PDGS-TAS-DI-PSD-V14.2_Schema">
      <UP_Scheme_1C>S2_User_Product_Level-1C_Metadata</UP_Scheme_1C>
      <UP_Scheme_2A>S2_User_Product_Level-2A_Metadata</UP_Scheme_2A>
      <Tile_Scheme_1C>S2_PDI_Level-1C_Tile_Metadata</Tile_Scheme_1C>
      <Tile_Scheme_2A>S2_PDI_Level-2A_Tile_Metadata</Tile_Scheme_2A>
      <DS_Scheme_1C>S2_PDI_Level-1C_Datastrip_Metadata</DS_Scheme_1C>
      <DS_Scheme_2A>S2_PDI_Level-2A_Datastrip_Metadata</DS_Scheme_2A>
```

```
<Atmospheric_Correction>
  <Look_Up_Tables>
    <Aerosol_Type>RURAL</Aerosol_Type>
    <!-- RURAL, MARITIME, AUTO -->
    <Mid_Latitude>AUTO</Mid_Latitude>
    <!-- SUMMER, WINTER, AUTO -->
    <Ozone_Content>0</Ozone_Content>
    <!-- The atmospheric temperature profile and ozone content in Dobson Unit (DU)
      0: to get the best approximation from metadata
      (this is the smallest difference between metadata and column DU),
      else select one of:
      =====================================================
      For midlatitude summer (MS) atmosphere:
      250, 290, 331 (standard MS), 370, 410, 450
      =====================================================
      For midlatitude winter (MW) atmosphere:
      250, 290, 330, 377 (standard MW), 420, 460
      =====================================================
      -->
  </Look_Up_Tables>
  <Flags>
    <WV_Correction>1</WV_Correction>
    <!-- 0: No WV correction, 1: only 940 nm bands, 2: only 1130 nm bands , 3: both regions used during wv retrieval
    <VIS_Update_Mode>1</VIS_Update_Mode>
    <!-- 0: constant, 1: variable visibility -->
    <WV_Watermask>1</WV_Watermask>
    <!-- 0: not replaced, 1: land-average, 2: line-average -->
    <Cirrus_Correction>TRUE</Cirrus_Correction>
    <!-- FALSE: no cirrus correction applied, TRUE: cirrus correction applied -->
    <DEM_Terrain_Correction>TRUE</DEM_Terrain_Correction>
    <!--Use DEM for Terrain Correction, otherwise only used for WVP and AOT -->
    <BRDF_Correction>2</BRDF_Correction>
```

图 2.21　Sentinel-2 L 2A 产品生产参数设置

# 2.6 小　结

尽管地表短波净辐射遥感估算不依赖地面气象站点观测资料，但为了对模型估算结果进行精度评价，需要收集大野口流域与老虎沟 12 号冰川一定数量地面辐射四分量等观测数据。DEM 是太阳短波辐射估算、遥感影像地形校正的基础数据，随着 DEM 空间尺度变化，所提取的坡度、坡向、地形遮蔽等地形因子存在明显差异，从而增加了误差积累与传播的复杂性。因此除了 SRTM DEM 等全球几种免费高分辨率 DEM 数据外，2.2.2 节重点介绍利用 WorldView-2 立体像对提取更高分辨率 DEM 的原理与方法。地形因子是山区辐射通量估算的基础，控制着地表短波净辐射时空分布，2.3 节在前人研究基础上介绍了几种重要的地形因子概念及计算原理。

MODIS 为地表短波净辐射估算提供了重要水汽和气溶胶大气产品，也为遥感影像地形校正提供了 BRDF 核系数产品，2.4 节介绍了 MODIS 数据产品的基本处理及软件工具及产品常见的命名规则。与 Landsat TM 影像相比，2015 年发布的 Sentinel-2 A/B 卫星数据因具有更高的空间分辨率、时间分辨率、辐射分辨率和波谱分辨率，为复杂地形山区尤其是对冰川/积雪地表短波净辐射估算提供了重要数据源。2.5 节介绍了 Sentinel-2 卫星及其 L1C、L2A 产品，重点介绍了对大气表现反射率 L1C 产品进行同步大气校正和地形校正的原理与方法，输出地表真实光谱反射率 L2A 产品时，用户自定义 L2A 产品优势以及用户自定义产品生产时 Sen2Cor 软件工具的参数设置。

# 参 考 文 献

李新，马明国，王建，等 . 2008. 黑河流域遥感—地面观测同步试验：科学目标与试验方案 . 地球科学进展，23（9）：897–914.

张剑清，孙明伟，郑顺义，等 . 2009. 基于轮廓约束的摄影测量法元青花瓶数字三维重建 . 武汉大学学报（信息科学版），34（01）：7-10，2.

张彦丽，李丑荣，王秀琴，等 . 2013. 基于 WorldView-2 制备大野口流域高分辨率 DEM 及精度分析 . 遥感技术与应用，28（3）：431-436.

Chen J，Qin X，Kang S，et al. 2018. Effects of clouds on surface melting of Laohugou glacier No. 12，western Qilian Mountains，China. Journal of Glaciology，64（243）：89-99.

Li X，Koike T，Guodong C. 2002. Retrieval of snow reflectance from Landsat data in rugged terrain. Annals of Glaciology，34（1）：31-37.

Li X，Cheng G，Chen X，et al. 1999. Modification of solar radiation model over rugged terrain. Chinese Science Bulletin，44（15）：1345-1349.

Qin X，Cui X，Du W，et al. 2015. Variations of the alpine precipitation from an ice core record of the Laohugou glacier basin during 1960–2006 in western Qilian Mountains，China. Journal of Geographical Science，25（2）：165-176.

Richter R. 1997. Correction of atmospheric and topographic effects for high spatial resolution satellite imagery. International Journal of Remote Sensing，18（5）：1099-1111.

Richter R. 1998. Correction of satellite imagery over mountainous terrain. Applied Optics，37（18）：4004-4015.

Sun W，Qin X，Du W，et al. 2014. Ablation modeling and surface energy budget in the ablation zone of Laohugou glacier No. 12，western Qilian mountains，China. Annals of Glaciology，55（66）：111-120.

# 第三章 | 山地太阳短波辐射

到达复杂地形山区的太阳短波辐射主要受四个因素的影响：太阳—地表几何关系、地形效应、云量和其他非均质性大气效应以及地表反射特性。其中，太阳—地表几何因素决定太阳短波辐射的纬度效应及季节变化特征，控制着全球尺度和区域中尺度的太阳空间分布特征。地形因素描述的是太阳短波辐射受局部地形影响，如坡度、坡向及地形遮蔽等影响，使得山区地形表面接收的实际太阳短波辐射能量分配不均匀，从而决定了局部地形小尺度下太阳短波辐射能量的空间变化特征；云量和其他非均质性大气状况因素，控制了太阳短波辐射穿过大气时的衰减程度，决定着太阳短波辐射受局地气候影响的变化规律；地表反射特性主要反映了周围地形对目标地物的辐射能量贡献。由于大气效应、地形效应以及周围地表反射特征，将山地太阳短波辐射分解为太阳直接辐射、散射辐射和周围地形反射辐射，三个分量均受地形与大气状况不同程度的影响。

本章以祁连山大野口为例，介绍一种基于高分辨率 DEM 数据，以 MODIS 产品与 Landsat TM 数据作为输入参数的山地太阳短波辐射遥感估算方法。

## 3.1 山地太阳短波辐射估算原理

目前，利用遥感数据估算太阳短波辐射的方法主要分两类：一是经验统计法，建立地表观测与遥感辐射亮度观测值之间的回归经验关系；二是利用辐射传输模型或由辐射传输模型简化而来的参数化方案，在获取 TOA 太阳短波辐射、大气光学特性、地表反射特性等参数的基础上估算地表短波净辐射。在较小区域或者更小的流域尺度研究中，当太阳短波辐射地面观测点稀少且分布不均时，利用经验统计法模拟山区太阳短波辐射结果存在较大不确定性。因此，在山区通常采用辐射传输模型或参数化方案估算 DSSR。

基于 DEM 数据的山地物理或参数化方案的宽波段太阳短波辐射估算模型主要分为两种类型，包括基于大气为主的（atmosphere-based）和基于地形为主（terrain-based）的太阳短波辐射算法。前者基于地表气象观测数据，细致地描述并模拟了太阳短波辐射与大气的衰减作用，但仅仅考虑了简单的地形因子，如高程等。这种方法对于地面观测网较发达的平坦地区估算精度较高。基于地形为主的太阳短波辐射估算模型，各学者近二三十年来对各种地形因子如何影响太阳短波辐射进行了系统研究，很多山地辐射传输模型均不同程度地考虑了各类地形因子，如坡度、坡向、地形遮蔽效应、天空可视因子、地形结构因子等。有些地形为主的山地辐射模型也被引入几款流行的 GIS 软件平台中，如 ArcGIS 中的 Solar Analyst 和 GRASS 中的 r. sun 等。这些模型最大的优点是能够更加精确地模拟各类地形因子对 DSSR 的影响，但对大气的衰减考虑较为简单或粗略，通常采用简单的大气辐射传输模型，甚至经常假设在一个大区域内大气透过率为固定值。然而由于山地小气候因素，这种模型估算精度往往具有较大不确定性，其应用也受到较大的限制。

也有一些其他模型（Li et al.，2002；Cebecauer et al.，2011）充分考虑了大气为主与地形为主的山区太阳短波辐射估算模型的优点，但由于使用简化的经验法计算大气光学特性或直接使用较低空间分辨率的大气产品，模型估算精度依然受到极大的限制。近年来免费发布的中高分辨率多光谱卫星遥感数据，如 MODIS、Landsat TM、Sentinel-2A/B 等极大地提高了大气状况模拟精度，成为山区太阳短波辐射估算的重要数据源。

## 3.1.1　太阳短波辐射在大气中的传输

太阳短波辐射在大气传输过程中受大气吸收及散射作用而衰减，在全球或区域大尺度，大气辐射传输模型能够较准确地模拟传输过程中的大气透过率等参数，从而能够较精确地估算地表接收的太阳短波辐射。然而在小尺度，一方面，由于太阳短波辐射与局部地形（地形遮蔽、坡度坡向等）相互作用，二次分配经大气传输的太阳短波辐射；另一方面，地表高程等地形因素又会影响大气对太阳短波辐射作用，以上两种综合作用共同改变太阳短波辐射传输能量及过程。

### 1. 大气顶太阳辐射

大气顶 TOA 太阳辐射也叫日射（solar insolation）或天文太阳辐射，定义为某一给定地表单位水平面积上的太阳辐射通量密度（$E_0$）。它不仅取决于太阳天顶角（$\theta_s$），也依赖于日地距离的变化，即

$$E_0 = I_0 D_0 \cos\theta_s \tag{3.1}$$

式中，$I_0$ 为太阳常数，定义为日地平均距离处通过与太阳光束垂直的单位面积上的太阳辐射通量，1981 年 WMO 公布的太阳常数值为 1368 W/m$^2$；$D_0$ 为日地距离订正因子，是一年为周期的循环函数，其 Fourier 级数表达式为（左大康等，1991）

$$D_0 = 1.000\,109 + 0.033\,494\cos\psi + 0.001\,472\sin\psi + 0.000\,768\cos2\psi + 0.000\,079\sin2\psi \tag{3.2}$$

式中，$\psi = 2\pi(d_n-1)/365$，为日角（rad），取回归年长度 365 天对应于区间 $[0, 2\pi]$；$d_n$ 为儒略日（Julian day），是指从 1 月 1 日到当天的日序。

### 2. 大气对太阳短波辐射作用

地球被大气圈所包围，太阳短波辐射经过厚厚的大气层时，与大气主要成分气体分子和其他微粒发生吸收、散射及反射等相互作用后能量衰减。在晴空条件下，无需考虑云层强烈反射太阳短波辐射作用，因此太阳短波辐射主要受大气吸收和散射作用的影响。

#### 1）大气吸收
太阳短波辐射穿过大气，被大气中的各类大气分子所吸收，将太阳辐射转换为地表自

身能量从而使得太阳短波辐射大大衰减。一般而言，太阳短波辐射被气溶胶等微小颗粒物质吸收的量较小，其能量主要被气体分子所吸收，且各气体分子对太阳短波辐射进行选择性吸收。吸收太阳短波辐射波谱的主要大气分子有：氧气、二氧化碳、甲烷、臭氧、水汽等。通常，氧气、二氧化碳、甲烷分布较均匀且稳定，而臭氧和水汽含量尤其是水汽不稳定，其含量随时间和空间而改变，是影响大气辐射传输的重要因素，对其进行高精度估算也是大气辐射传输过程研究的重点内容。

2）大气散射

与大气吸收相比，大气散射较为复杂。太阳短波辐射穿过大气，同大气分子或微粒发生作用改变原来的传播方向，并向四面八方散射。散射强度同大气粒子直径、形状和折射率有关，也与入射的太阳辐射波段有关。为了对大气散射进行分类，需要定义尺度参数 $x=2\pi a/\lambda$，其中，$a$ 为引起散射的粒子半径（廖国男，2004）。当粒子或分子的直径远小于入射的太阳短波辐射波长时，即 $x \ll 1$ 时为瑞利散射。氧气、氮气等大体分子对可见光的散射属于瑞利散射。其散射特征为：前向散射与后向散射相同，散射强度与波长的 4 次方成反比，波长越短，散射越强，因而晴空大气条件下瑞利散射使得天空变蓝。

当 $x \approx 1$ 或者 $x>1$ 时为米氏散射，而当 $x \gg 1$ 时属于几何光学散射。这两种散射具有方向性，前向散射大于后向散射，且散射特性都属于米散射（盛裴轩等，2013）。当大气中较大尺寸粒子浓度增大时，米散射使得天空变得阴暗，散射强度将大于瑞利散射。米氏散射的散射强度与波长的 2 次方成反比，虽然散射强度随波长的变化关系没有瑞利散射剧烈，但气溶胶等引起的米氏散射成为影响大气透过率的重要因素。

3. 太阳短波辐射在大气中的传输

太阳短波辐射穿过大气，与大气分子、微粒相互作用而衰减，本书参考盛裴轩等（2013）主编的《大气物理学》对大气辐射传输相关内容进行简要介绍。

1）辐射传输方程

太阳短波辐射与大气相互作用而减弱。如图 3.1 所示，如果入射辐射强度为 $I_\lambda$，在传播方向上通过 $d_s$ 厚度后辐射能量变成 $I_\lambda+dI_\lambda$，则

$$dI_\lambda = -K_\lambda \rho I_\lambda d_s \tag{3.3}$$

式中，$\rho$ 是大气密度；$K_\lambda$ 为波长 $\lambda$ 的质量消光截面（以单位质量的面积为单位）。质量消光截面乘以密度时，称为"消光系数"，单位为 $cm^{-1}$。辐射强度的减弱是由大气中的吸收及散射所引起，质量消光截面是质量吸收截面与质量散射截面之和。另外，辐射强度也可以由于相同波长上物质的发射以及多次散射而增强，定义源函数系数 $j_\lambda$，由于发射和多次散射造成的辐射强度增大至

$$dI_\lambda = j_\lambda \rho d_s \tag{3.4}$$

因此，在太阳辐射通过 $d_s$ 后的总辐射能量变为

$$dI_\lambda = -K_\lambda \rho I_\lambda d_s + j_\lambda \rho d_s \quad (3.5)$$

为了方便，定义源函数 $J_\lambda = j_\lambda / K_\lambda$，则

$$dI_\lambda = -K_\lambda \rho I_\lambda d_s + K_\lambda \rho J_\lambda d_s \quad (3.6)$$

即

$$\frac{dI_\lambda}{K_\lambda \rho d_s} = -I_\lambda + J_\lambda \quad (3.7)$$

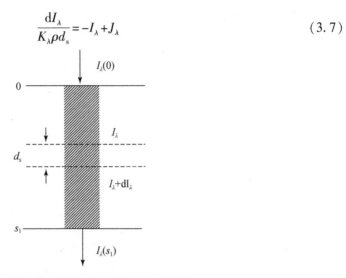

图 3.1　辐射传输过程（据盛裴轩等，2013）

2）比尔–布格–朗伯（Beer-Bouguer-Lambert）定律

当忽略地–气系统辐射长波辐射以及辐射传输过程中的多次散射增量贡献时，辐射传输方程可以简化为

$$\frac{dI_\lambda}{K_\lambda \rho d_s} = -I_\lambda \quad (3.8)$$

如果 $s=0$ 处的入射辐射强度为 $I_\lambda(0)$，那么在 $s_1$ 经过衰减后的出射强度可以通过上式积分获得，即

$$I_\lambda(s_1) = I_\lambda(0) \exp\left(-\int_0^{s_1} K_\lambda \rho ds\right) \quad (3.9)$$

假定介质消光截面均质，即 $K_\lambda$ 不依赖于距离 $s$ 而改变，并定义路径长度 $u$ 为：

$$u = \int_0^{s_1} \rho ds \quad (3.10)$$

此时，经过距离 $s_1$ 的出射辐射强度为

$$I_\lambda(s_1) = I_\lambda(0) e^{-K_\lambda u} \quad (3.11)$$

式（3.11）就是著名的比尔定律，或称布格定律，又称朗伯定律，也统称为比尔–布格–朗伯定律。公式指出，在忽略多次散射和发射辐射影响时，通过均匀介质传播的辐射强度按简单的指数函数减弱，该指数函数的自变量是质量吸收截面和路径长度的乘积。

3）平面平行大气

在大气辐射传输的许多应用问题中，如遥感定量分析，通常假设电磁波穿过的大气是平面平行的，或称水平均一的。这时大气可以分成若干或无穷多相互平行的层，辐射强度和大气参数只在垂直方向上变化。

4）大气光学厚度

大气光学厚度（AOD）用于描述大气消光作用，实质是表示由于大气吸收和散射对给定入射波长的衰减率，是将各高度中大气的消光系用大气层的厚度进行积分。对于平面平行大气，由大气上界向下测量的垂直光学厚度 $AOD_\lambda(z)$ 定义为

$$AOD_\lambda(z) = \int_z^\infty K_\lambda \rho dz \tag{3.12}$$

则有

$$-\mu \frac{dI_\lambda}{dAOD_\lambda} = -I_\lambda \tag{3.13}$$

将式（3.13）解方程，得到

$$I_\lambda = I_\lambda(0) \exp\left(\int_0^\infty \frac{dAOD_\lambda(z)}{\mu}\right) = I_\lambda(0) \exp\left[(AOD_\lambda(\infty) - AOD_\lambda(0))/\mu\right] \tag{3.14}$$

定义 $AOD_{0\lambda} = AOD_\lambda(0)$ 为整层大气光学厚度，且 $(AOD_\lambda(\infty) = 0)$，则

$$I_\lambda = I_\lambda(0) \exp(-AOD_{0\lambda}/\mu) \tag{3.15}$$

此处 $1/\mu$ 等同于大气质量数 $m(\theta)$，表示辐射在大气中经过路径的参数。目前，世界气象组织建议大气质量使用的是 Kasten 和 Young（1989）提出的计算公式

$$m(\theta) = \frac{1}{\cos(\theta) + 0.1500\left[(90 - \theta \times 180/\pi + 3.885)\right]^{-1.253}} \tag{3.16}$$

式中，$\theta$ 为天顶角，在辐射传输中可以定义为太阳天顶角 $\theta_s$ 或传感器观测角 $\theta_v$，当 $\theta$ 较大时，该公式精度要高于常用计算公式 $m(\theta) = 1/\cos(\theta)$。

5）大气辐射传输模型

大气辐射传输方程求解，其核心是对多次散射作用求解和简化处理，获得太阳短波辐射在大气辐射传输过程中，用户关心的某一时刻的大气透过率或辐射能量。目前，国际上产生了众多优秀的大气辐射传输模型，模拟地-气系统复杂的辐射传输过程，如 LOWTRAN、MODTRAN、6S 等。在这些模型程序包中包括了具有代表性的大气、气溶胶、云等模型，也包含水平、垂直或倾斜向上或向下传输的复杂几何关系，一般情况，辐射传输模型包括了一些标准大气数据库，如 1976 年美国标准大气库等。

利用离散纵标方法可以将辐射传输方程中的散射相函数用勒让德多项式展开，即用求和式代替方程中的积分式，进而将原有的积分微分方程转化为微分方程组，最终通过边界条件的代入，求解辐射在几个特定方向（由高斯点决定）上的解析解。这种方法的精度取决于勒让德多项式展开的次数，次数越多，精确性越高，但也越复杂。方向解的个数（即流数）是展开次数的 2 倍，如一次展开为二流近似，二次展开为四流近似，三次展开为六流近似，等等。迄今为止，采用最多的是二流近似方法。

## 3.1.2　太阳短波辐射与地形相互作用

由上节可知，太阳短波辐射在大气传输过程中受大气吸收及散射作用而衰减。除此之外，太阳短波辐射穿过大气到达地表时，也会受太阳−地表几何关系影响，并与局部地形因子发生相互作用。下面介绍对太阳短波辐射影响较大的几种地形作用。

#### 1. 太阳照射角

太阳照射角定义为太阳入射角（太阳光线）与地表面法线的夹角。由于太阳常数定义为大气顶垂直于太阳照射方向上单位面积接收的太阳短波辐射通量，传输至地表的太阳短波辐射能量取决于太阳高度角或天顶角几何条件，与太阳照射角余弦值成正比。太阳照射角成为决定地球表面获得太阳热能数量的最重要的因素，太阳照射角越小，地表接收的太阳短波辐射越大，反之亦然。

对平坦地表而言，太阳照射角主要受太阳天顶角和太阳方位角影响。然而在地形起伏的山区，坡地太阳照射角 $i_s$ 随太阳位置（太阳天顶角和方位角决定）、局地地表坡度、坡向的改变而改变（图3.2），其计算公式如下

$$\cos i_s = \cos\theta_s \cos S + \sin\theta_s \sin S \cos(\phi_s - A) \tag{3.17}$$

式中，$S$ 为坡度；$\phi_s$ 为太阳方位角；$A$ 为坡向。

显然在地形复杂的山区，坡地太阳照射角随地形而改变，一般面向太阳时太阳照射角比较小，而背向太阳方向的地形表面太阳照射角比较大。如果太阳照射角度大于90°，则地表处于自我遮蔽状态，将无法接收到来自太阳方向的辐射能量。

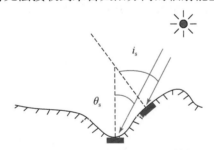

图3.2　坡地像元实际太阳照射角

#### 2. 地形遮蔽

在地形起伏的山区，由于地形对太阳短波辐射的遮蔽作用，太阳照射地表将产生两种阴影：落影和本影。当地形遮蔽因子为1时，由于周围地形挡住太阳光产生遮蔽，称为落影；当局地太阳照射角大于90°时，地表因背离太阳产生自我遮蔽，称为本影，如图3.3所示。处于这两种阴影的地物无法获得太阳直接辐射和来自太阳方向的各向异性散射辐射的照射，因此来自天穹的各向同性大气散射辐射和周围地形反射辐射成为阴影处最重要的辐射能量来源。

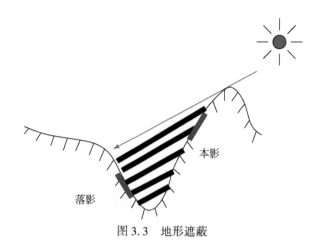

图 3.3　地形遮蔽

## 3. 天空可视因子

天空可视因子也称为天空开阔度、天空可视域范围等，定义为起伏地形地表接收的各向同性散射辐射与半球范围内潜在散射辐射之比。平坦地表天空可视因子为 1；坡面上，天空可视因子随地形而变化，其值域范围为 0~1。考虑到太阳照射方向，可将地表接收的太阳散射辐射分解为各向异性散射辐射和各向同性散射辐射。各向异性散射辐射受地形的影响类似于太阳直接辐射，主要受太阳照射角与地形遮蔽因子的影响。而各向同性散射辐射则主要是来自天穹大气散射的辐射能量。在水平地表，地表单元接收的各向同性散射辐射是大气散射在半球范围内的总和。然而在地形起伏条件下，由于周围地形效应，地表只能接受半球天空部分散射辐射，如图 3.4 所示。因此，天空可视因子成为山区各向同性散射辐射分量的主要影响因素。

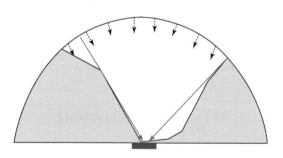

图 3.4　天空可视因子

## 4. 周围地形反射辐射

在复杂地形区，地表除了接收太阳直接辐射及散射辐射外，来自周围地物的反射辐射成为重要分量，如图 3.5 所示。来自周围地物的反射辐射贡献大小除了与周围地物本身接收到的总太阳短波辐射成正比，与地物自身反照率大小成正比外，还与目标地物和周围地物之间相对几何位置，即地形结构因子关系有关。地形结构因子是两地物距离及角度的函数，具体算法详见 2.3.3 节，在此不再赘述。在地表较平坦区域，周围地形反射辐射能量往往较小，只占太阳短波辐射总能量很小部分，因此在很多研究中为了简化计算，对该项一般不予考虑，只是计算太阳直接辐射和散射辐射两部分能量。然而在复杂地形的山区，当周围地物接收的辐射能量比较大且地表具有较高反照率时，如冰川/积雪，来自周围地表的反射辐射分量将成为总辐射能量的重要分量。这部分能量不可忽视，甚至是坡地太阳短波辐射的重要能量来源。第六章将会对此现象进行详细讨论。

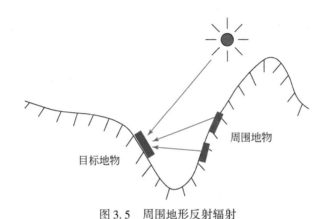

图 3.5　周围地形反射辐射

## 3.1.3　山地太阳短波辐射遥感估算方法

### 1. 遥感估算模型机理

如图 3.6 所示，在 TOA 太阳短波辐射通过大气到达复杂地形表面过程中，太阳–大气–地表系统相互作用，极大地削弱了实际地表接收的太阳辐射能量。前人研究发现，宽波段太阳辐照度的计算由太阳–地表几何关系、大气衰减、地形因素和地表覆盖类型等 4 种因素决定。太阳–地表几何关系决定了地球大气顶接收的太阳短波辐射，这种关系可以由天文公式精确计算，具体详见式（3.2）。

太阳短波辐射在到达地表之前要穿过厚厚的大气层而受大气各成分的衰减，一般认为大气总的透过率是 5 种分量透过率总和（Leckner，1978；Yang et al.，2001，2006）：瑞利散射和气溶胶散射，臭氧、水气与稳定痕量气体吸收，如图 3.6（a）所示。大气透过率随时空变化，尤其是水汽和气溶胶透过率变化较剧烈。同时，山地表面接收的太阳短波辐射强烈地受局部地形影响而改变，其详细地形因子算法可参见相关文献（Dozier，1980；Dubayah et al.，1990；Li et al.，1999，2002）。地表覆盖类型或者地表反照率是影响太阳短波辐射的第四类因子，周围高的反照率地表类型将会为可见的目标像元提供更多的反射辐射能量贡献，如冰/雪、裸岩等。因此，在辐射通量计算中往往需要地表 albedo 作为先验知识计算周围地形贡献，例如基于 ATCOR3 的山区地表反照率快速算法获得地表反照率输入参数。

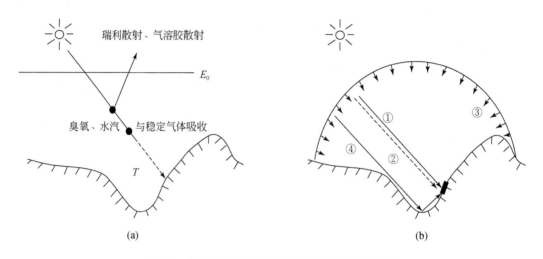

图 3.6　倾斜地表太阳短波辐射与大气和地形作用

（a）太阳辐射与大气相互作用；（b）大气与地形共同作用使太阳短波辐射有 4 部分组成，包括：①直接辐射，②各向异性散射辐射，③各向同性散射辐射，④周围地形反射辐射

　　山区地表接收的太阳短波辐射可分解为三个分量：太阳直接辐射（$E_{dir}$）、散射辐射（$E_{dif}$）和周围地形反射辐射（$E_{ref}$）。太阳直接辐射占总辐射能量的最大部分，散射辐射次之，周围地形反射辐射能量最小，但当周围地表被冰雪等高反射率地物覆盖时，周围地形反射辐射值较高，往往不可忽视。根据是否与太阳方向有关，将散射辐射分为两部分：与太阳方向无关的各向同性散射辐射（$E_{iso\_dif}$）和来自太阳方向的各向异性散射辐射（$E_{aniso\_dif}$），如图 3.6（b）所示。因此，太阳短波总辐射 $E$ 为

$$E=E_{dir}+E_{dif}+E_{ref}=E_{dir}+E_{iso\_dif}+E_{aniso\_dif}+E_{ref} \tag{3.18}$$

　　本章在前人研究基础上，借助高分辨率 DEM 数据，综合应用 Li 等（1999，2002）的山区窄波段太阳短波辐射方案和 Yang 等（2001，2006）的宽波段大气透过率模型，提出一种综合的山区宽波段太阳短波辐射估算方法。同时，修改 Yang 等（2006）的大气透过率模型，将 MODIS 水汽与气溶胶大气产品作为山地辐射模型输入参数，从而避免对地面气象观测资料的依赖（图 3.7）。利用 MODIS 水汽与气溶胶大气产品的大气透过率公式推导详见 3.1.4 节。

　　尽管太阳短波辐射在大气辐射传输过程中受太阳-地表几何关系等以上 4 种因素的影响，但对于不同的太阳短波辐射分量，其影响机理与规律不同，尤其是各辐射分量受大气与地形条件影响不同，下面将简要介绍基于山地辐射传输模型的各太阳短波辐射分量（Li et al.，1999，2002）的计算方法。

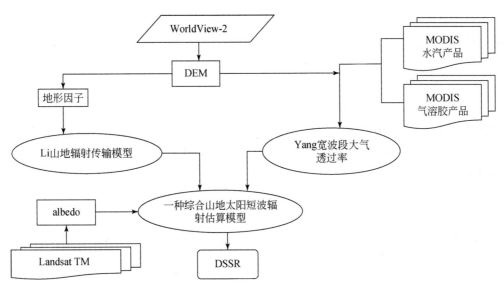

图 3.7 一种综合的山区地表太阳短波辐射估算方法

## 2. 太阳直接辐射

太阳短波辐射的直接辐射能量来自太阳的直接照射，其计算公式为

$$E_{dir} = V_s E_0 T_b\ (\theta_s)\ \cos i_s / \cos \theta_s \quad \text{if } \cos i_s > 0$$
$$E_{dir} = 0 \qquad\qquad\qquad\qquad \text{otherwise}$$

(3.19)

太阳直接辐射受 TOA 太阳辐射（$E_0$）、太阳天顶角（$\theta_s$）、局地太阳照射角（$i_s$）、遮蔽因子（$V_s$）和大气直射透过率 $T_b(\theta_s)$ 共同影响。地形遮蔽因子可以判断目标地物是否被周围地形遮挡而得不到太阳直接照射，而当局地照射角大于 90° 时也表明地表由于自身遮蔽同样处于阴影中。除这两种特殊情况使得太阳直接辐射为零外，地表坡度与坡向将导致太阳实际照射角随地形而改变。

在高分辨率 DEM 数据辅助下，以上几种影响太阳短波辐射的因素均可以通过太阳与地表之间的几何关系精确获取。然而，太阳短波辐射受大气衰减作用的机理非常复杂。因此，如果在高分辨率 DEM 基础上能够准确计算以上各地形因子，那么太阳直接辐射估算的最大的误差来源就是大气透过率的精确计算。

大气透过率是瑞利散射和气溶胶散射、臭氧、水汽与稳定痕量气体吸收等 5 种主要大气分量大气透过率的总和。在这些透过率函数中，气溶胶和水汽透过率具有较高的时空变异，将根据 MODIS 日大气产品获得。具体大气总透过率及各分量透过率算法将在 3.1.4 节详细介绍。

## 3. 大气散射辐射

### 1）各向异性散射辐射

各向异性散射辐射来自太阳圆盘周围。与太阳直接辐射类似，只有被太阳照射才能得

到各向异性散射辐射，因此地表能否接收到各向异性散射辐射的判断依据在于地表是否被遮蔽。计算公式如下

$$E_{\text{aniso\_dif}} = E_{\text{dif}}^{\text{hor}} V_s K \frac{\cos i_s}{\cos \theta_s} \quad \text{if } \cos i_s > 0 \tag{3.20}$$

$$E_{\text{aniso\_dif}} = 0 \qquad\qquad \text{otherwise}$$

其中，各向异性因子也称为环日因子，$K = E_{\text{dir}}^{\text{hor}} / E_0 = T_{\text{b}}(\theta_s)$，是水平地表接收的太阳直接辐射占 TOA 太阳短波辐射的比例，其实质是大气直接透过率，也同时表明各向异性太阳短波辐射所占总散射辐射的比例。

水平地表散射辐射可由下列公式计算

$$E_{\text{dif}}^{\text{hor}} = E_0 T_{\text{d}}(\theta_s) \tag{3.21}$$

其中，散射透过率是 5 种大气重要成分各分量透过率的函数，具体计算公式见 3.1.4 节。

2）各向同性散射辐射

各向同性散射辐射来自各向均匀的天穹，散射强度依赖于地表像元在局地地形中的开阔度，即天空可视因子 $V_{\text{iso}}$，同时也受水平地表散射辐射影响，其计算公式为：

$$E_{\text{iso\_dif}} = E_{\text{dif}}^{\text{hor}} V_{\text{iso}} (1 - K) \tag{3.22}$$

### 4. 周围地形反射辐射

与太阳直接辐射和散射辐射不同，周围地形反射辐射主要来自周围可见像元反射辐射的贡献。一般情况下，当地形平坦或周围地形物体反射率较小时，来自周围地形反射辐射的能量很小，通常被忽略不计。然而在地形起伏较大的山区，周围地形反射辐射是坡元接收的另外一种非常重要的辐射来源，尤其对于地处南坡山谷、自我遮蔽或周围地形形成的遮蔽阴影处以及周围坡地有冰/雪等高反射率地物覆盖的区域。

虽然不同山地辐射模型对周围地形反射辐射分量的计算模式不同，但基本思想是一致的：首先计算目标坡元与周围坡元纯几何关系的地形形状因子、周围"可见"坡元自身所接收的总的太阳短波辐射及其周围地表反照率 albedo，然后将三者乘积作为周围地形可见像元对目标像元的反射辐射贡献。本书引用 Li 等（1999）研究成果获得周围地形反射辐射，计算公式如下

$$E_{\text{ref}} = \sum_{i=1}^{n} a(E_{\text{dir},i} + E_{\text{dif},i}) F_{ij} (i = 1, 2, \cdots, n), \quad i \neq j \tag{3.23}$$

式中，$F_{ij}$ 为目标像元 $j$ 周围 $n$ 个像元中第 $i$ 个像元的形状因子，是从第 $i$ 个像元出发的太阳短波辐射能量中，可以到达目标像元 $j$ 的能量占其总能量比例的因子。地表反照率 $a$ 则基于 Landsat 卫星数据，通过 ATCOR3 进行地形标准化、窄波段至宽波段公式（参见 5.1 节）转换后获得。从式（3.23）可以看出，周围地形反射辐射的贡献与周围所有可见地表自身接收到的太阳直接辐射和散射辐射总和成正比。为避免计算复杂，这里将周围可见像元短波总辐射仅分解为太阳直接辐射和散射辐射两部分。因此，目标像元得到的来自周围地形反射辐射能量的大小，同目标地物与可见地物之间的地形结构因子成正比，与周围地表自身的太阳短波辐射和地表反照率成正比。

在 r. sun 模型中，通常用 0.15 代表裸地和林地的反照率，SRAD 模型选择了与 r. sun 相同的固定值 0.15 表示一般地物反照率。然而，研究区地表反照率通常具有较强的空间异质性，这种简化处理将会对周围地表分布高反照率地物的太阳短波辐射估算带来较大不确定性。因此，精确计算地表反照率先验值可以提高山区周围地形反射辐射的精度，从而在一定程度上提高太阳短波辐射的估算精度。

## 3.1.4 宽波段大气透过率估算

尽管 MODTRAN 等各种大气辐射传输模型常用于估算大气透过率，但是大气参数往往需要站点观测资料作为输入，而且输出的大气透过率也只是单点值，难以满足空间分布计算要求。与稀疏的地表站点观测数据相比，MODIS 传感器提供了时空分布的大气产品，为计算地表能量平衡模型提供了大量必要的输入参数，如大气降水厚度、气溶胶光学厚度等。为此，本节将 MODIS 大气产品作为输入参数，利用经验公式推导水汽透过率和气溶胶透过率（散射透过率）。

### 1. 宽波段大气透过率模型

将宽波段大气透过率分为直射辐射透过率和散射辐射透过率。两者均是瑞利散射、臭氧与稳定气体吸收透过率、水汽吸收透过率和气溶胶透过率 5 种透过率的函数，具体参数化方案选择 Yang 等（2006）的大气透过率模型。该大气透过率模型是在 Leckner（1978）波谱段透过率模型基础上发展而来的，由于可靠性高而被 Gueymard（2012）推荐。

1）直射辐射透过率

其计算公式如下

$$T_b(\theta_s) = \max(0, T_r(\theta_s) T_a(\theta_s) T_g(\theta_s) T_{o3}(\theta_s) T_w(\theta_s) - 0.013) \tag{3.24}$$

式中，$T_r(\theta_s)$、$T_a(\theta_s)$、$T_g(\theta_s)$、$T_{o3}(\theta_s)$ 和 $T_w(\theta_s)$ 分别表示瑞利散射透过率、气溶胶散射透过率、稳定气体吸收透过率、臭氧吸收透过率（臭氧透过率）与水汽吸收透过率（水汽透过率）。

2）散射辐射透过率

与直接辐射透过率类似，散射辐射透过率由瑞利散射、臭氧、稳定气体、水汽和气溶胶透过率共同决定，其计算公式如下

$$T_d(\theta_s) = \max\{0, 0.5[T_g(\theta_s) T_{o3}(\theta_s) T_w(\theta_s)(1 - T_r(\theta_s) T_a(\theta_s)) + 0.013]\} \tag{3.25}$$

太阳直接辐射在大气中的衰减由直射辐射透过率决定，散射辐射的衰减量由散射辐射透过率确定。周围地形的反射辐射是周围地物接收的直接辐射与散射辐射的函数。下面，将分别介绍瑞利散射、臭氧与稳定气体吸收透过率、水汽吸收透过率和气溶胶散射透过率等 5 类宽波段大气分量透过率的计算过程，重点分析如何将 MODIS 水汽与气溶胶产品作为输入参数。

### 2. 宽波段水汽透过率

所谓整层大气可降水量（大气可降水厚度）是指垂直单位截面气柱中所含有的水汽总量，假设这些水汽全部凝结，并积聚在气柱的底面上时所具有的液态水深度。MODIS 为全球提供了大汽水汽日观测数据，本书利用 MODIS 水汽产品作为输入计算大气水汽透过率，计算公式如下

$$T_w(\theta_s) = \min\left[1.0, 0.909 - 0.036\ln(m(\theta_s)w)\right] \tag{3.26}$$

式中涉及两个参数，大气质量 $m(\theta_s)$ 计算公式详见 3.1.1 节世界气象组织建议计算公式（式（3.16））；$w$ 是大气可降水厚度，单位是 cm。$w$ 一般情况可根据探空资料推算，有时为了简便，常用地面水汽压、湿度等观测数据来估算，本方法中可直接用 MODIS 水汽产品来代替。

### 3. 宽波段气溶胶透过率

#### 1）MODIS 气溶胶产品算法

太阳短波辐射计测定气溶胶光学厚度是地基探测最广泛的一种方法，可以准确提供当地气溶胶信息，卫星遥感探测法弥补了地面观测难以反映的空间分布和变化趋势缺陷。卫星遥感影像反演 AOD 的主要困难在于地表反射率贡献的去除，目前主要算法有暗目标法、结构函数法、深蓝算法等。MODIS 气溶胶产品同时提供了暗目标法（Dark Target）和深蓝算法（Deep Blue）产品。暗目标法对植被较好的区域精度较高，深蓝算法对于西北干旱区亮目标区精度更高（胡蝶等，2013；Hsu et al.，2013）。MODIS 上午星 Terra 气溶胶产品采用的是暗目标法，深蓝算法只应用于下午星 Aqua 气溶胶产品。由于研究区晴空数据较少，尤其是在下午，因此本章两种气溶胶算法产品均有使用。尽管 MODIS AOD 产品提供的空间分辨率只有 10km，但对于站点资料较少的西部山区而言，直接将空间分布的 AOD 产品作为输入参数计算气溶胶透过率具有重要意义。

#### 2）气溶胶透过率计算

气溶胶透过率计算公式如下

$$T_a(\theta_s) = \exp\left\{-m(\theta_s)\beta\left[0.6777 + 0.1464(m(\theta_s)\beta) - 0.00626(m(\theta_s)\beta)^2\right]^{-1.3}\right\} \tag{3.27}$$

式中，$\beta$ 为浑浊度指数，与测点上空垂直气柱内气溶胶粒子的总密度有关，在数值上等于 $1\mu m$ 处的消光系数，清洁区域其值通常为 0.1 或更小，大气被污染时其值往往较大。$\beta$ 可以通过对太阳短波辐射的观测得到，以实现对大气气溶胶的监测。目前卫星已实现了对大气气溶胶光学厚度的全球连续观测，如 MODIS 气溶胶日产品。式（3.27）中，波长指数 $\alpha$ 被假定为 1.3，其值大小与气溶胶粒子的平均半径有关。波长指数越大，表示粒子的体积越小，气溶胶的散射性质越趋近于分子散射，波长指数与气溶胶粒子平均半径的统计关系见表 3.1。

**表 3.1　气溶胶波长指数与粒子平均半径的统计关系（盛裴轩等，2013）**　　（单位：μm）

| 波长指数 | 0 | 1.3 | 1.5 | 2.0 | 2.25 | 3.0 | 3.8-4.0 |
|---|---|---|---|---|---|---|---|
| 粒子半径 | >2.0 | ≈0.6 | 0.5 | 0.22-0.25 | 0.15 | 0.062-0.1 | ≤0.02 |

MODIS 水汽产品可直接输入水汽透过率公式（3.26），然而在 Yang 等（2006）大气透过率模式中，假设波长指数为 1.3，且浑浊度指数由 0.50μm 处气溶胶光学厚度推导而来，即

$$\beta = AOD_{0.50}0.5^{1.3} \tag{3.28}$$

式中，AOD 表示气溶胶光学厚度，$AOD_{0.50}$ 表示 0.50μm 气溶胶光学厚度。然而，MODIS 气溶胶产品没有记录 0.50μm 波长处的 AOD，因此需要根据 0.55μm 的气溶胶光学厚度及实际波长指数 $\alpha$ 值对 $\beta$ 重新进行推导。

气溶胶光学厚度依赖于波长大小，Ångström（1964）根据气溶胶比尔-布格-朗伯定律（式（3.11））推导出米氏散射整层大气垂直光学厚度为

$$AOD_\lambda = \beta \lambda^{-\alpha} \tag{3.29}$$

式中，波长 $\lambda$ 处的气溶胶光学厚度 $AOD_\lambda$ 是波长与浑浊度指数 $\beta$ 及波长指数 $\alpha$ 的函数。MODIS 气溶胶产品记录了 0.55μm 波长的气溶胶光学厚度以及波长指数 $\alpha$。假设波长在 0.5-0.55μm 时，$\beta$ 与 $\alpha$ 不随波长而改变，则

$$AOD_{0.50} = AOD_{0.55}(0.5/0.55)^{-\alpha} \tag{3.30}$$

$\alpha$ 与波长在 0.55μm 处的 $AOD_{0.55}$ 由 MODIS 气溶胶产品直接提供，因此，当 $\alpha \neq 1.3$ 时，浑浊度指数 $\beta$ 为（Leckner，1978；Yang et al.，2006）

$$\beta = AOD_{0.55}(0.5/0.55)^{-\alpha}0.5^{1.3} \tag{3.31}$$

### 4. 其他三种宽波段透过率分量

#### 1）臭氧透过率

臭氧透过率的一般计算公式为

$$T_{o3}(\theta_s) = \exp\left[-0.0365(m(\theta_s)l)^{0.7136}\right] \tag{3.32}$$

式中，$l$ 为臭氧层厚度总量（单位为 cm 或多布森，1000 Dobson Units），其随地理纬度和季节而变化。一般情况，除南极外臭氧厚度随着纬度增加而增加，春天高而秋天低。Yang 等（2001）通常用经验公式进行粗略估算。本书臭氧厚度数据来自 Yang 等（2006）的改进方法，利用 NASA GSFC 臭氧处理团队提供的卫星产品的 24 年平均值内插得到。

#### 2）瑞利散射透过率

瑞利散射透过率的计算公式如下

$$T_r(\theta_s) = \exp\left[-0.008735\, m_c(0.547+0.014\, m_c-0.00038\, m_c^2+4.6\times10^{-6}m_c^3)^{-4.08}\right] \tag{3.33}$$

式中，$m_c = m(\theta_s)p_s/p_0$，表示气压校正的大气质量，也称为相对大气质量。$p_s$ 是地面气压，为了避免大气透过率计算对地面实测数据的依赖，可以利用经验公式由地表高程直接

估算，即

$$p_s = p_0 \exp(-z/H_T) \tag{3.34}$$

式中，$z$ 为地面高程（m）；$p_0$ 为标准大气压（$1.013 \times 10^5$ Pa）；$H_T = 8430$m，是等温大气标高，表明地表高度每升高一个标高 $H_T$ 则大气压降低 $1/e \approx 0.37$。

干空气瑞利散射和稳定气体垂直廓线与地面气压有关，均需要相对大气质量修正（盛裴轩等，2013），而水汽和臭氧的相对大气质量无需修正。地面气压随高程变化，高程增加，气压降低，从而使得瑞利散射和稳定气体的吸收透过率增大，减弱了两者对太阳短波辐射的衰减程度。

3）稳定气体透过率

对于氧气或二氧化碳等均匀混合稳定气体而言，只要知道地面气压就可以计算出光学厚度，计算公式如下

$$T_g(\theta_s) = \exp(-0.0117 \, m_c^{0.3139}) \tag{3.35}$$

# 3.2  山地太阳短波辐射空间分布

山地接收的太阳短波辐射由太阳直接辐射、散射辐射和周围地形反射辐射组成，三个分量均受地形与大气环境不同程度的影响。本章利用高分辨率 DEM 和 MODIS 大气产品，综合利用 Li 等（1999，2002）的山区窄波段太阳短波辐射方案，修改 Yang 等（2001，2006）的大气透过率模型，将 MODIS 水汽与气溶胶大气产品作为大气输入参数，从而避免对气象资料地面站点观测的依赖，同步顾及大气和地形效应，获得山区宽波段太阳短波辐射。

## 3.2.1  地面验证数据集

为了验证太阳短波辐射估算精度，本节选择大野口流域的马莲滩草地站和关滩森林站，提取晴空条件下两个地面观测站点资料。一般情况下有三种方法确定晴空大气条件：①站点观测值是否为光滑的正弦函数变化；②查看 MODIS 气溶胶产品是否有值，如果数据缺失表明有云覆盖；③利用 MODIS 云掩模产品。本章综合利用前两种方法选择了两个站点的 56 个晴空太阳短波辐射数据，如表 3.2 所示。

表 3.2  选择的 56 个晴空条件下 MODIS 过境时刻的地面站点观测数据

| 站点名称 | 地表类型 | 坡度（°） | 坡向（°） | 仪器高度（m） | 时间 | 晴空日数 |
|---|---|---|---|---|---|---|
| 马莲滩草地站 | 草地 | 9.5 | 308.0 | 1.5 | 2008~2009 年 5~6 月 | 32d |
| 关滩森林站 | 林地 | 14.2 | 300.4 | 20.0 | 2008~2009 年 5~6 月 | 24d |

## 3.2.2　太阳短波辐射估算结果与精度评估

### 1. 估算结果地面验证

为了利用站点观测资料，定量描述与评价地表接收的太阳短波辐射、地表反照率和太阳短波辐射及短波净辐射估算精度，需要计算几种经验统计值，如平均偏差（the mean bias error，MBE）、均方根误差（the root mean square error，RMSD）和线性相关系数（the linear correction coefficient，$R^2$）等统计模型。其计算公式描述如下表3.3所示。

**表3.3　几种精度验证统计模型定义**

| 统计指标 | 算法描述 | 数学定义 |
|---|---|---|
| $\overline{E}/\overline{O}$ | $N$ 个估算值（$\overline{E}$）或观测值的均值（$\overline{O}$） | $\overline{E} = \dfrac{1}{n}\sum\limits_{i=1}^{n} E_i$ 或 $\overline{O} = \dfrac{1}{n}\sum\limits_{i=1}^{n} O_i$ |
| $R^2$ | 线性相关系数 | $\sum\limits_{i=1}^{n}(E_i - \overline{E})(O_i - \overline{O}) \Big/ \sqrt{\sum\limits_{i=1}^{n}(E_i - \overline{E})^2 \sum\limits_{i=1}^{n}(O_i - \overline{O})^2}$ |
| MBE | 平均偏差 | $\dfrac{1}{n}\sum\limits_{i=1}^{n}(E_i - O_i)$ |
| MBE% | 平均偏差百分比 | $\dfrac{1}{n}\sum\limits_{i=1}^{n}(E_i - O_i)\Big/\overline{O}$ |
| RMSD | 均方根误差 | $\left[\dfrac{1}{n}\sum\limits_{i=1}^{n}(E_i - O_i)^2\right]^{1/2}$ |
| RMSD% | 均方根误差百分比 | $\left[\dfrac{1}{n}\sum\limits_{i=1}^{n}(E_i - O_i)^2\right]^{1/2}\Big/\overline{O}$ |

两个站点地面辐射观测数据每10min记录一次，选择与MODIS过境时刻最接近的两次地面观测平均值用于地面结果验证。图3.8为56个晴空地表观测值与模型估算结果的散点图以及验证统计结果。结果表明，模型估算的瞬时太阳短波辐射能够精确描述地表接收到的太阳短波辐射能量大小，其平均偏差MBE与平均偏差百分比MBE%分别为－61.9W/m² 和－6.2%，均方根误差RMSD与均方根误差百分比RMSD%分别为74.4W/m² 和7.5%。

然而从图3.8散点图不难发现，同一目标地物在不同时间接收到的太阳短波辐射变化较大。那么，是什么因素使得两者之间产生了如此大的差异？通过对两个站点56个晴空数据分析表明，地表接收到的太阳短波辐射量对太阳天顶角最敏感，其$R^2 = 0.528$，其次是气溶胶光学厚度AOD，其$R^2 = 0.237$，如图3.9所示。由此可见，太阳短波辐射不仅随太阳-地表几何关系变化，同时也受不同大气条件的影响。

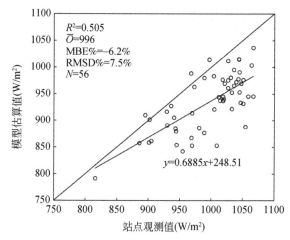

图 3.8　太阳短波辐射观测值与估算值散点图与验证统计结果

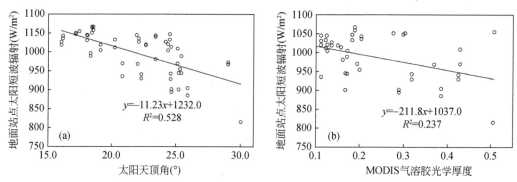

图 3.9　地表观测太阳短波辐射与两个因素散点图

(a) 太阳天顶角；(b) MODIS 气溶胶光学厚度

## 2. 几种太阳短波辐射估算模型结果比较

本章改进算法（Improved Algorithm，IA）在两个方面有所提高：一是太阳短波辐射估算方法考虑了复杂地形因子；二是 MODIS 水汽与气溶胶产品作为大气透过计算模型的输入参数。为了证明本算法，在以上两方面的优越性，在此特别增加三种常见的太阳短波辐射估算方法进行比较（表 3.4）。第一种方法称为 MBFA（MODIS-Based Flat Algorithm），大气参数基于 MODIS 产品，但不考虑地形因子。第二种算法称为 GBMA（GADS-based mountain algorithm），考虑地形因子，但大气可降水厚度由地表气象观测数据支持下的经验模型法获得，AOD 数据则由全球气溶胶数据集 GADS（Global Aerosol Data Set 2.2a 版本，http://opac.userweb.mwn.de/radaer/gads_des.html#ftp）内插得到，具体计算方法详见文献（Yang et al.，2006）。第三种方法称为 GBFA（GADS-based Flat Algorithm），其大气参数获取方法与第二种方法相同，但不考虑地形。下面对 4 种太阳短波辐射估算结果进行比较。

表 3.4    4 种太阳短波辐射估算方法

| 估算方法 | DEM 及地形因子 | 大气可降水厚度 | 气溶胶光学厚度 |
|---|---|---|---|
| Improved Algorithm（IA） | 是 | MOD05L2/MYD05L2 | MOD04L2/MYD04L2 |
| MODIS-based Flat Algorithm（MBFA） | 否 | MOD05L2/MYD05L2 | MOD04L2/MYD04L2 |
| GADS-based Mountain Algorithm（GBMA） | 是 | 半经验公式 | GADS2.3b |
| GADS-based Flat Algorithm（GBFA） | 否 | 半经验公式 | GADS2.3b |

表 3.5 提供了以上 4 种太阳短波辐射估算方法的大气输入参数及其地表观测值与模型估算统计结果。由于 MBFA 和 GBFA 太阳短波辐射估算模型不考虑地形因子，所以尽管这两种方法平均偏差百分比 MBE% 均较低，但研究区太阳短波辐射估算结果几乎没有空间异质性。考虑了地形因子的两种 DSSR 估算模型具有空间异质性，能够反映地形起伏山区太阳短波辐射空间分布特征。然而，GBMA 模型利用的是全球气溶胶数据集 GADS，不能描述太阳短波辐射时空变化特征，与实际地面观测值之间的相关性较低。本章提出的估算方法 IA 能够反映卫星过境时刻太阳短波辐射时空分布变化特征。

表 3.5    4 种方法水汽及气溶胶参数及估算结果

| 方法 | 相对湿度（%） | | 大气可降水厚度（cm） | | 气溶胶光学厚度（$\lambda = 0.55\mu m$） | | 总透过率 | | MBE%（%） | RMSD%（%） | $R^2$ |
|---|---|---|---|---|---|---|---|---|---|---|---|
| | min | max | min | max | min | max | min | max | | | |
| IA | — | — | 0.29 | 2.33 | 0.033 | 0.507 | 0.75 | 0.85 | −6.2 | 7.5 | 0.505 |
| MBFA | — | — | 0.29 | 2.33 | 0.033 | 0.507 | 0.75 | 0.85 | −0.5 | 3.9 | 0.500 |
| GBMA | 13.8 | 48.0 | 0.46 | 1.47 | 0.115 | 0.117 | 0.80 | 0.83 | −5.3 | 7.5 | 0.221 |
| GBFA | 13.8 | 48.0 | 0.46 | 1.47 | 0.115 | 0.117 | 0.80 | 0.83 | 1.1 | 5.0 | 0.218 |

图 3.10 提供了 56 个晴空日条件下，MODIS 过境时刻 4 种太阳短波辐射模型估算结果与其对应的地面观测站点测量值之间的散点图。从回归曲线和统计结果可以看出，IA 和 MBFA 两种方法估算值与地面站点观测值之间具有较好的相关性，说明与全球气溶胶数据集和地表观测经验统计方法相比，MODIS 大气产品更能准确地反映卫星过境时刻大气状况，从而极大地提高了太阳短波辐射估算精度。

从表 3.5 和图 3.10 可以看出，山区太阳短波辐射能量大小对局地地形和大气参数都非常敏感，且地形效应与大气效应交互作用，共同影响地表接收的 DSSR 时空分布。因此，我们提出的太阳短波辐射估算改进方法具有较大的应用潜力和实用价值，特别是对于山区地面站点观测值较稀疏的山区。然而，结果表明，改进算法具有明显低估现象（MBE% = −6.2%），且估算精度反而低于没有考虑地形效应的 MBFA 方法（平均偏差百分比为 MBE% = −0.5%）。究其原因在于两个相反的效应：一是研究区 MODIS 大气产品高估了气溶胶光学厚度和大气可降水厚度，从而使得估算的太阳短波辐射出现了低估想象；二是马莲滩草地站和关滩森林站两个观测站点都处于阴坡位置，没有考虑地形效应的估算方法高估了这两个站点的太阳短波辐射能量值。因此，在 MBFA 方法中，这这两个地面观测站点的以上两种相反的低估与高估效应进行了相互抵消，从而提高了平均偏差百分比的精度。

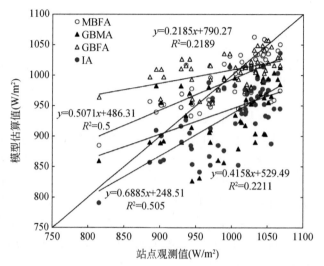

图 3.10　太阳短波辐射地表观测值与 4 种模型估算结果散点图

下面利用地面太阳光度计 CE-318 观测数据分析 MODIS 气溶胶和水汽产品在研究区的高估问题。选择 2012 年 6 月张掖站的 CE-318 地面观测值对 MODIS 大气产品进行精度验证。选取了 21 个与 MODIS 过境时间相差 10min 左右的 CE-318 气溶胶光学厚度 AOD（0.55μm）和大气可降水厚度 PW 观测数据进行分析。散点图 3.11 表明，MODIS 大气产品均高估了大气中气溶胶光学厚度和大气可降水厚度含量，其平均偏差百分比分别为 11.2% 和 28.0%。因此，利用 MODIS 大气水汽和气溶胶产品作为模型输入参数，将会低估太阳短波辐射能量。

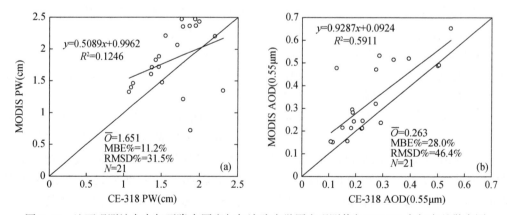

图 3.11　地面观测站点大气可降水厚度与气溶胶光学厚度观测值与 MODIS 大气产品散点图
(a) 大气可降水厚度；(b) 气溶胶光学厚度

## 3.2.3 太阳短波辐射空间分布特征

### 1. 太阳短波辐射空间分布

图 3.12 描述了 2008 年 5 月 3 日 MODIS Terra 卫星过境时刻太阳短波辐射与各辐射分量的空间分布。可以看出，山区地表接收到的太阳短波辐射能量大小随着局部地形及地形起伏状况而发生改变，具有较大的空间异质性，尤其是地形陡峭区。为了进一步说明太阳短波辐射空间分布差异，在坡度为 35°的区域任意选取 4 个典型坡向的地物点，即 A、B、C 和 D 分别位于东、南、西和北坡。各点相应的总太阳辐照度估算值分别为 998.9W/m²、1017.4W/m²、769.1W/m² 和 552.7W/m²。尽管这 4 个地物点的坡度相同，但由于坡向各异，地表实际接收的 DSSR 有较大差异。因此，坡向是影响地表辐照度的重要因子。另外，地形遮蔽因子是太阳短波辐射能量差异的控制因素。分别在向阳坡与背阴坡选取 E 和 F 点，量测得到阳坡 E 点的辐照度为 1207.5W/m²，而在太阳直射光照射不到的阴坡 F 点则接收到非常低的太阳短波辐射能量，仅有 54.9W/m²。向阳与背影坡接收的 DSSR 差值高达 1152.6W/m²，如图 3.12（a）所示。

### 2. 山区太阳短波辐射影响因素分析

除地形遮蔽因子与坡向外，太阳实际照射角和坡度也是影响山区太阳短波辐射的重要因素。从关滩森林站出发，沿着两个观测站连线，均匀选取 145 个地面点对接收的太阳短波辐射进行剖面分析，如图 3.13 所示。可以看出，太阳短波辐射随坡度增加而减小，随太阳实际照射角余弦值的增加而增加。从相关系数可以推知，山地太阳短波辐射对坡元实际的太阳照射角余弦值更加敏感，两者呈现较强的线性相关性。

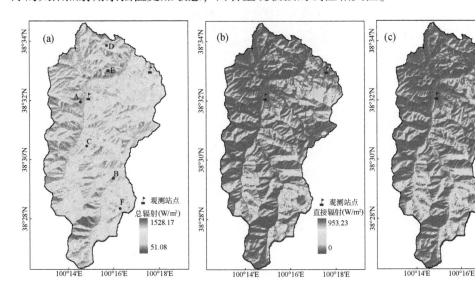

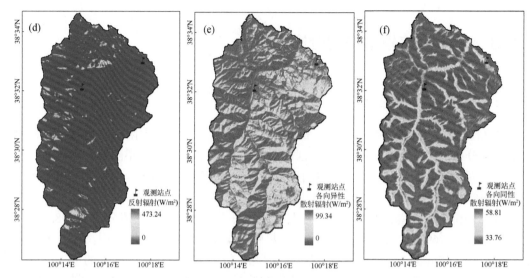

图 3.12　2008 年 5 月 3 日 MODIS Terra 过境时刻太阳辐射分布

（a）总辐射；（b）直接辐射；（c）散射辐射；（d）周围地形反射辐射；（e）各向异性散射辐射；

（f）各向同性散射辐射

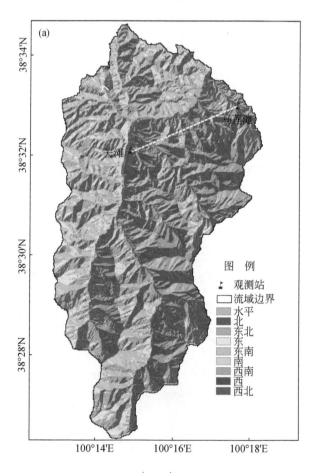

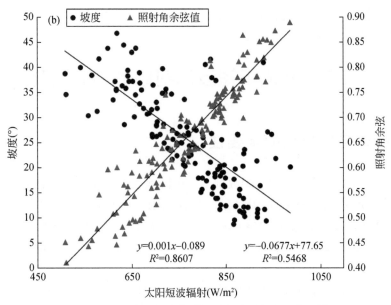

图 3.13　太阳短波辐射与坡度与照射角余弦值敏感性分析

（a）剖面线；（b）太阳短波辐射与坡度和照射角余弦值之间的散点图

　　为了进一步分析太阳照射角余弦值对其他各辐射分量的影响，在研究区任意选取 171 个地面点进行分析。图 3.14 表明，太阳短波辐射各分量均与太阳照射角余弦值成正比，尤其是与太阳短波总辐射和太阳直接辐射线性关系更为突出。相比之下，太阳散射辐射对照射角余弦不太敏感。但图 3.14（b）告诉我们，太阳散射辐射中与太阳方向有关的各向异性散射辐射，随太阳照射角余弦值增加而迅速增大，两者呈现正相关性，而各向同性散射辐射则与太阳照射角余弦值无关。

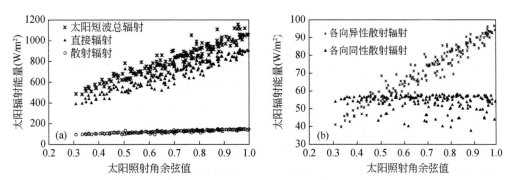

图 3.14　太阳短波辐射与各分量与照射角余弦值敏感性分析

（a）太阳短波总辐射、直接辐射与散射辐射与照射角余弦值之间的散点图；（b）各向异性散射辐射和各向同性散射辐射与照射角余弦值之间的散点图从以上实验结果分析不难发现，坡地接收的太阳短波辐射误差来源于三个方面：一是DEM 空间分辨率和地形因子的计算误差；二是大气主要成分透过率的估算，如气溶胶光学厚度和大气可降水厚度；三是地表反照率。

# 3.3 DEM 在太阳短波辐射估算中的尺度效应

## 3.3.1 DEM 空间尺度的重要性

DEM 是计算各类地形因子的基础数据，是山区地表太阳短波辐射估算的重要数据源，分配与控制着坡元接收的 DSSR 各辐射分量大小。因此，DEM 空间分辨率是地表接收到的太阳短波辐射估算结果空间变异的核心驱动因素，极大地控制着 DSSR 各分量的变异性规律（Oliphant et al.，2000；Ruiz-Arias et al.，2009；Liu et al.，2012；Zhang et al.，2015a）。

本节主要目的是探讨 DEM 空间分辨率或地面采样距离（GSD）如何影响地形因子，这些地形因子误差累积又进一步影响 30m 尺度下的坡元太阳短波辐射空间分布，探索如何使得不同分辨率 DEM 数据在山地太阳短波辐射估算中发挥最大优势。以祁连山大野口流域两个观测站点 22 个晴空地面测量值为验证资料，选取 5~500m 6 种空间尺度DEM 数据，利用 3.1 节山地太阳短波辐射估算方法进行 DEM 空间尺度效应研究。根据模型尺度（30m）与 DEM 尺度之间差异，通过不同 DEM 尺度的两种地形因子获取方法的比较，探讨与 DEM 空间尺度相适宜的地形因子计算方法，提高山区地表 DSSR 估算精度。

## 3.3.2 DEM 空间尺度效应研究

### 1. 尺度效应研究方法

为了探索 DEM 空间尺度对山地太阳短波辐射估算的敏感性，首先有必要区分模型尺度与 DEM 尺度这两个概念。将太阳短波辐射模型估算结果所定义的空间分辨率称为模型尺度，在本研究中模型尺度被定义为 30m，即模型尺度为 30m；DEM 尺度为估算模型所输入 DEM 的空间分辨率，本节将 DEM 尺度分为 6 种，分别为：5m、15m、30m、90m、250m 和 500m。此外，为了分析方便，根据 DEM 尺度和模式尺度的大小不同，将 6 种DEM 尺度归为三类：超模型尺度（90m、250m 和 500m），模型尺度（30m）和子模型尺度（5m 和 15m）。

本节研究思路是：确定某一时相 MODIS 大气水汽及气溶胶产品，分别输入不同DEM 尺度数据，采用 3.1 节山地太阳短波辐射估算方法计算太阳短波辐射各分量，获得 MODIS 过境时刻研究区太阳短波辐射空间分布数据。由于复杂地形区坡元 DSSR 各分量的估算值受地形因子的影响，而各地形因子的计算又依赖于 DEM 数据本身。因此，研究 DEM 对太阳短波辐射的尺度效应的关键是探索 DEM 不同空间尺度对各地形因子的影响。为此，这里需要定义两种不同尺度 DEM 数据计算 30m 尺度地形因子的方法。第一种方法，基于模型尺度的地形因子算法（简称 MSTF），该方法首先将不同尺度 DEM 数据转换成模型尺度的 DEM，即 30m 尺度 DEM 数据，然后计算各地形因子。第二种方法，基于 DEM 尺度的地形因子算法（简称 DSTF），首先基于不同尺度 DEM 数据直接计算与 DEM 空间尺度对应的各地形因子，然后将这些地形因子分别转换至模型尺度（30m）下的地形因子。最后，将这两种方法获得的地形因子带入 3.1 节的太阳短波辐射估算模型中，获得不同尺度效应的 DSSR。具体估算步骤见图 3.15。

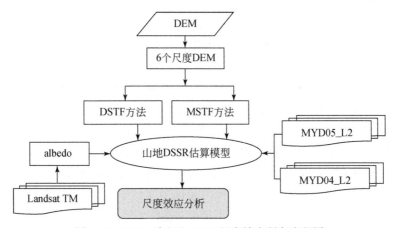

图 3.15  DEM 对山地 DSSR 尺度效应研究流程图

### 2. 数据准备

研究区选择位于中国祁连山黑河流域上游的大野口流域。实验所用基本数据集包括：从 WorldView-2 提取的高分辨率 DEM（张彦丽等，2013），两个台站 22 个晴空条件下的日射强度数据（表 3.6）；Landsat TM 影像解译的土地覆盖图（30m GSD），以及 Aqua MODIS 水汽和气溶胶产品 MYD05_L2 和 MYD04_L2。其中，高分辨率 DEM 数据和地面气象观测数据是由黑河流域联合遥测试验研究（HiWATER）计划收集的（Li et al.，2013），MODIS 产品和 Landsat 影像来自美国地质调查局（USGS）地球资源观测系统（EROS）数据中心。

表 3.6  两个气象站点的日射强度数据

| 观测站点 | 高程（m） | 地表类型 | 坡度（°） | 坡向（°） | 仪器高度（m） | 实验日期 | 晴空天数 |
|---|---|---|---|---|---|---|---|
| 马莲滩草地站 | 2817 | 草地 | 9.5 | 308.0 | 1.5 | 2008 年 5~6 月，2009 年 5~6 月 | 12d |
| 关滩森林站 | 2835 | 森林 | 14.2 | 300.4 | 20.0 | 2008 年 5~6 月，2009 年 5~6 月 | 10d |

### 3.3.3 空间尺度效应结果与验证

**1. DEM 在 DSSR 中的空间尺度效应**

3.2 节研究表明，山地太阳短波辐射空间分布数据强烈受局地地形的控制，影响最大的依次为地形遮蔽与坡向、太阳照射角余弦值和坡度（Zhang et al.，2015a）。同时在同一模型尺度（如 30m）上，基于不同 DEM 数据计算得到不同的太阳短波辐射空间分布特征。利用 5m DEM 尺度获得的 DSSR 具有最强的空间异质性，而利用 500m DEM 尺度获得的太阳短波辐射其空间异质性减弱，即随着 DEM 尺度从 5m 到 500m 的变化，同一时刻同一坡元上的山地太阳短波辐射估算值剧烈地发生变化。在精细 DEM 尺度下能够模拟极低或极高的 DSSR 估计值，但在较低分辨率 DEM 尺度上，这种极端太阳短波辐射估算值将消失，具有"削峰填谷"的特点。

另外，对于同一 DEM 数据，地形因子计算方法不同，太阳短波辐射能量估算结果也有差异。为了便于目视对比，对于给定的 30m 模型尺度，选择三种典型 DEM 尺度数据：5m 子模型尺度 DEM、30m 模型尺度 DEM 和 90m 超模型尺度 DEM。图 3.16 描述了基于 5m、30m 和 90m 三种不同空间尺度的 DEM 数据，分别利用 MSTF 和 DSTF 地形因子计算方法，获得 2008 年 5 月 3 日 MODIS Aqua 卫星过境时刻三种子模型尺度、模型尺度和超模型尺度的太阳短波辐射（30m）空间分布特征。其他三种尺度 DEM（15m、250m 和 500m）下获得的 DSSR 空间分布特征及尺度效应分别与上述子模型尺度与超模型尺度效应规律相似。

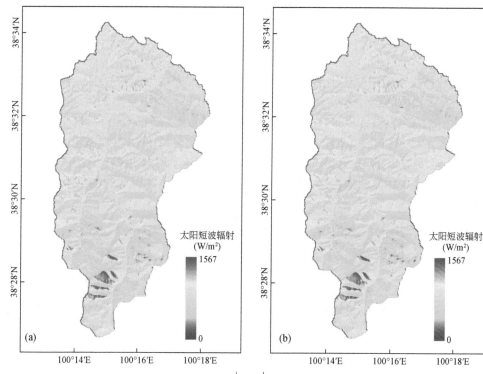

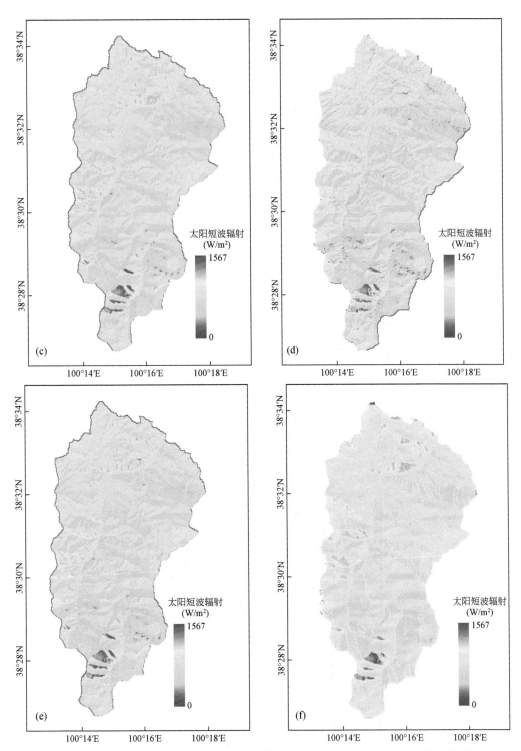

图 3.16　2008 年 5 月 3 日在 MODIS Aqua 卫星过境时刻基于两种不同 DEM 尺度算法的瞬时 DSSR
（a）-（c）DEM 空间尺度分别为 5m、30m 和 90m 的 MSTF 算法；（d）-（f）分辨率分别为 5m、
30m 和 90m 的 DSTF 算法

此外，从图3.16可以看出，两种地形因子算法的不同也对DSSR空间分布具有重要的影响。当DEM为子模型尺度时，DSTF算法模拟效果更好，能够计算出DSSR细节差异；当DEM等于模型尺度时，DSTF与MSTF算法获得的太阳短波辐射模拟值结果相同；当DEM尺度为超模型尺度时，MSTF算法对DSSR估算结果最佳，即使较低分辨率的DEM也能够较细致地获得太阳短波辐射空间分布结果。

为了进一步分析DEM空间分辨率对DSSR估算结果的尺度效应，从关滩森林站开始到马莲滩草地站结束，在两个地面观测站之间绘制一条直线，对2008年5月3日MODIS Aqua卫星过境时刻两种算法的太阳短波辐射估算值进行剖面分析。比较两个观测站连线上的太阳短波辐射，地表接收的DSSR能量大小随着剖面线地形起伏而变化，如图3.17所示。

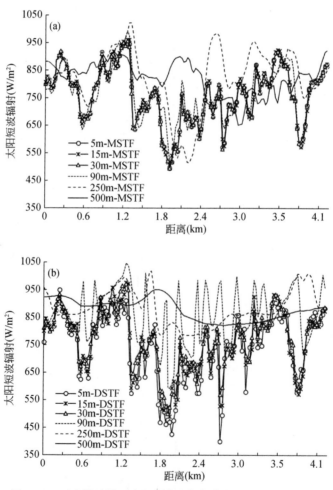

图3.17　两个算法沿两个观测点之间的线的DSSR剖面分析

（a）MSTF算法；（b）DSTF算法

从6条5m到500m DEM尺度下DSSR剖面变化曲线可以看出，基于5m、15m和30m

三个尺度 DEM 数据估算的太阳短波辐射曲线形态基本相同，基本都随地形起伏而发生剧烈变化。然而，基于超模型尺度下的大尺度 DEM 数据，尤其是在 250m 与 500m 两种尺度的 DEM 剖面线上，随着地形起伏剧烈变化 DSSR 变化曲线相对平缓，与前三条剖面线上太阳短波辐射形态差异较大，甚至部分地区曲线形态刚好相反。相比之下，基于 90m 尺度 DEM 下的太阳短波辐射估算结果虽然能够粗略地反映 DSSR 地形变化特征，但其剖面线上的曲线形态在 DSTF 与 MSTF 两种算法中显示出不同的规律。具体分析图 3.17（a）可以得出结论，MSTF 算法可以在 90m DEM 尺度下基本精确估计 30m 尺度的山区地表太阳短波辐射，但 DSTF 算法尚且不能详细描述地形效应估算（图 3.17（b））。

### 2. 尺度效应结果验证

本节选择 22 个晴空辐射四分量地面观测资料，用于综合分析 DEM 空间尺度对太阳短波辐射估算的影响，且 DSSR 验证数据取 MODIS Aqua 卫星过境时刻两个观测站 10min 内的平均值（Zhang et al.，2015），分别采用均方根误差百分比 RMSD%，平均偏差百分比 MBE% 和线性相关系数 $R^2$ 作为验证统计指标。

图 3.7 结果已经表明，大于模式尺度（30m）的 DEM 基本不能准确地模拟山区的太阳短波辐射，如 250m 和 500m DEM。但 90m 的 DEM 在 MSTF 算法中能够反映 DSSR 空间分布。为了进一步验证不同尺度 DEM 数据对地表接收的太阳短波辐射尺度效应研究，证实 DEM 空间尺度的可靠性，在此选择不大于模型尺度的三个 DEM 数据在两个地形因子算法中的 DSSR 估算结果以及 90m 尺度 DEM 数据在 MSTF 算法中的估算结果，比较 22 个晴空条件下 DSSR 模型估算结果与地面观测值的统计值，如表 3.7 所示。

**表 3.7　两种算法在不同 DEM 方面的结果比较**

| 算法 | DEM 分辨率（m） | MBE%（%） | RMSD%（%） | $R^2$ |
|---|---|---|---|---|
| MSTF | 5 | −3.6 | 5.2 | 0.46 |
| | 15 | −3.6 | 5.2 | 0.46 |
| | 30 | −3.6 | 5.2 | 0.46 |
| | 90 | −6.5 | 9.1 | 0.17 |
| DSTF | 5 | −3.6 | 5.1 | 0.54 |
| | 15 | −2.7 | 4.0 | 0.65 |
| | 30 | −3.6 | 5.2 | 0.46 |

本节实验表明，山地太阳短波辐射的估算精度很大程度上取决于 DEM 空间尺度，即 DSSR 估算值随着 DEM 空间分辨率的变化而迅速变化。当 DEM 尺度大于模型尺度时，选择 MSTF 算法能够提高太阳短波辐射估算精度；当 DEM 尺度小于模型尺度时，应该选择 DSTF 算法，首先计算 DEM 尺度下各地形因子，然后带入山地辐射传输模型中计算坡元 DSSR；而当 DEM 尺度与模型尺度相同时，两种地形因子计算方法得到的太阳短波辐射估算结果相同。

# 3.4 小　结

在地形崎岖的山区，太阳短波辐射穿过大气到达地表时不可避免地与大气-地球系统相互作用。太阳-地球系统几何特征、大气衰减与局部地形效应以及地表覆盖类型的反射特性共同决定了坡元能够接收到的太阳短波辐射时空分布。

地形是影响山地太阳短波辐射的重要因素。不同的太阳短波辐射分量受不同的地形因素影响，通过考虑地形遮蔽系数，坡元实际太阳照射角余弦值和大气透射率来计算直接辐射分量。影响各向异性散射辐射的因素除了增加了太阳各向异性指数外，其他地形因子与影响太阳直接辐射的地形因子相似。各向同性散射辐射是通过考虑天空可视因子、各向异性指数和大气散射辐射透射率来计算的。计算来自周围地形反射辐射分量则需要地表反照率、地形结构因子以及周围可见像元的太阳直接辐射和散射辐射总和。

本研究是在前人研究成果基础上，借助 MODIS 大气产品和高分辨率 DEM 数据发展了太阳短波辐射估算算法。地面验证统计结果表明，该方法能够精确估算山区太阳短波辐射。另外，本算法不依赖于地面站点观测资料，因此具有很强的实用性，尤其是在山区地面观测站比较稀疏的地区。

然而，本遥感估算模型仍然存在一些缺陷：①验证结果说明该算法存在低估问题。最大的误差源来自 MODIS 气溶胶产品反演算法，相比 Terra 暗目标算法，Aqua 产品集 C6 的第二代深蓝算法具有更高的精度（Hsu et al.，2013）。但由于山区晴空及地面观测数据等获取困难，56 个晴空数据包括了 34 个 Terra 过境数据和 22 个 Aqua 过境数据，因此大大降低了结果的不确定性。另外，研究区 56 个晴空数据的 AOD 值均小于 0.8，因此使得大气衰减产生了高估现象，从而导致太阳短波辐射低估。②太阳短波辐射估算精度降低是由估算模型大气输入参数低空间分辨率造成，如 10km AOD、1km PW 等。由于山区小气候多变性，水汽和气溶胶时空变化较为剧烈，实际大气环境的时空异质性非常强烈，需要高分辨率和更可靠的水汽含量及气溶胶含量，因此，较低空间分辨率的气溶胶光学厚度、浑浊度指数和大气可降水厚度降低了大气透过率估算精度。期待将来有更高分辨率的大气产品，从而大大提高山区太阳短波辐射估算精度。③子像元尺度问题，本研究关注的是基于像元尺度的太阳短波辐射估算方法，而像元内基于子像元尺度的多次散射等在本算法中没有考虑。④由于周围地形反射辐射的复杂性，其计算公式依赖于很多假设条件，如周围可见地物反射符合朗伯体规律；由于辐射能量与辐射传输距离平方成反比关系，只顾及周围较小距离内的地物反射贡献；不考虑大气对周围地形反射辐射贡献的衰减作用等。⑤DEM 空间分辨率对中小尺度陡峭山区太阳短波辐射估算具有重要影响作用，坡度、坡向、地形遮蔽等地形因子的差异往往导致太阳短波辐射的显著差异。另外，在太阳短波辐射估算模型验证中缺少专门针对坡地太阳短波辐射的观测值。现有的地面观测资料是在一般的气象观测站要求下建立的，且地面观测只提供总太阳短波辐射，没有分开观测太阳直接辐射、散射辐射和周围地形反射辐射，还不能对各辐射分量估算结果进行精度评价。

　　DEM 空间分辨率是影响山地太阳短波辐射遥感估算的重要基础数据。本章以 2.2.2 节生产的 5m DEM 数据为基础，利用 5–500m 的 6 种空间分辨率 DEM 数据，详细探讨 DEM 空间分辨率对太阳短波辐射估算的影响。研究表明，太阳短波辐射各分量估算值受各地形因子空间尺度影响较大，而地形因子受制于 DEM 空间尺度的大小，DEM 数据越精细，坡元接收的太阳短波辐射空间异质性越明显；DEM 空间尺度越大，太阳短波辐射估算值的空间异质性越小，具有"削峰填谷"的作用。研究同时指出，对于不同空间分辨率 DEM 数据可以选择最佳的地形因子计算方法。根据估算的模型尺度，将 DEM 空间尺度分为超模型尺度、模型尺度和子模型尺度。当 DEM 空间尺度小于模型尺度即为子模型尺度时，基于 DEM 尺度的地形因子方法能够提高估算精度；当 DEM 空间尺度大于模型尺度时，建议选择基于模型尺度的地形因子计算方法。

# 参 考 文 献

胡蝶，张镭，沙莎，等. 2013. 西北地区 MODIS 气溶胶产品的对比应用分析. 干旱气象，4：6.

廖国男. 2004. 大气辐射导论（第二版）. 郭彩丽，周诗健，译. 北京：气象出版社.

盛裴轩，毛节泰，李建国，等. 2013. 大气物理学（第二版）. 北京：北京大学出版社.

张彦丽，李丑荣，王秀琴，等. 2013. 基于 WorldView-2 制备大野口流域高分辨率 DEM 及精度分析. 遥感技术与应用，28（3）：431-436.

左大康，周允华，项月琴. 1991. 地球表层辐射研究. 北京：科学出版社.

Cebecauer T，Suri M，Gueymard C. 2011. Uncertainty sources in satellite-derived direct normal irradiance：how can prediction accuracy be improved globally. Proc. SolarPACES Conf.，Granada，Spain.

Gueymard C A. 2012. Clear-sky irradiance predictions for solar resource mapping and large-scale applications：Improved validation methodology and detailed performance analysis of 18 broadband radiative models. Solar Energy，86（8）：2145-2169.

Hsu N C，Jeong M J，Bettenhausen C，et al. 2013. Enhanced Deep Blue aerosol retrieval algorithm：The second generation. Journal of Geophysical Research：Atmospheres，118（16）：9296-9315.

Leckner B. 1978. The spectral distribution of solar radiation at the earth's surface—elements of a model. Solar energy，20（2）：143-150.

Li X，Koike T，Guodong C. 2002. Retrieval of snow reflectance from Landsat data in rugged terrain. Annals of Glaciology，34（1）：31-37.

Li Z，Leighton H G，Masuda K，et al. 1993. Estimation of SW flux absorbed at the surface from TOA reflected flux. Journal of Climate，6（2）：317-330.

Liu M，Bárdossy A，Li J，et al. 2012. GIS-based modelling of topography-induced solar radiation variability in complex terrain for data sparse region. International Journal of Geographical Information Science，26（7）：1281-1308.

Oliphant A J，Sturman A P，Spronken-Smith R A. 2000. Spatial heterogeneity of surface energy exchange in an Alpine catchment. In Proc 9th Conf on Mountain Meteorology. AngAspen.

Ruiz-Arias J A，Tovar-Pescador J，Pozo-Vázquez D，et al. 2009. A comparative analysis of DEM-based models to estimate the solar radiation in mountainous terrain. International Journal of Geographical Information Science，23（8）：1049-1076.

Yang K, Huang G W, Tamai N. 2001. A hybrid model for estimating global solar radiation. SolarEnergy, 70 (1): 13-22.

Yang K, Koike T, Ye B. 2006. Improving estimation of hourly, daily, and monthly solar radiation by importing global data sets. Agricultural and Forest Meteorology, 137 (1): 43-55.

Zhang Y, Li X, Bai Y. 2015. An integrated approach to estimate shortwave solar radiation on clear-sky days in rugged terrain using MODIS atmospheric products. Solar Energy, 113: 347-357.

# 第四章  遥感影像地形标准化

## 4.1  遥感影像地形标准化原理

### 4.1.1  遥感影像辐射校正

在辐射传输过程中，由于受传感器本身误差，大气水汽、气溶胶等大气条件，坡度、坡向、地形遮蔽等地形环境条件的干扰，以及邻近地物反射亮度值贡献的影响，卫星实际观测的辐射亮度值除了地表反射特征信息外，同时还包含着仪器噪声、大气及地形等噪声。一般情况，卫星传感器引起的图像的不均匀，如在遥感影像上产生条纹和噪声等，这些辐射畸变是在卫星数据生产过程中出现的，通常由卫星地面站根据传感器参数进行校正。因此，为了获得地表真实反射特性，必须将地表反射特征信息从大气和地形信息中分离出来，这就需要对遥感影像进行辐射校正处理，主要包括传感器辐射定标、大气校正与地形校正三个方面。

1. 传感器辐射定标

传感器辐射定标也称为辐射定标或传感器定标。遥感影像记录的辐射亮度 DN（Digital Number）值，是 0 到辐射量化级数之间的整数，是一个无量纲的数值。其 DN 值大小是传感器辐射分辨率、地物反射率/发射率、大气透过率、地形特征等的函数。传感器辐射定标是根据影像头文件提供的传感器增益系数 gain 和偏移量 offset 等信息，将传感器记录的原始灰度 DN 值转换为大气顶 TOA 反射率（表观反射率）或者大气顶辐射亮度值 $L_{TOP}(\lambda)$，其公式为

$$L_{TOP}(\lambda) = DN * gain + offset \tag{4.1}$$

传感器增益系数和偏移量统称为定标系数，也可以利用传感器亮度动态范围进行计算，如 Landsat TM 定标系数为 $gain = L_{max} - L_{min}$，$offset = L_{min}$。传感器辐射定标的目的，一方面是能够消除传感器本身的系统误差，另一方面可以通过辐射定标将无量纲遥感数据 DN 值转换为有实际物理意义的绝对辐射亮度值或波谱段反射率数据。

2. 大气校正

太阳短波辐射进入大气会与大气分子或微粒相互作用，发生反射、折射、吸收、散射

和透射等影响，其中对辐射亮度值衰减影响较大的是大气吸收和散射。空间传感器测量的辐射亮度是太阳短波辐射经过了两次与大气相互作用，受大气分子、气溶胶和云雾粒子等大气成分吸收和散射作用，不仅反映了地表反射信息，同时也记录了大气状况以及大气与地表之间的相互作用等信息。因此，必须对 TOA 辐射亮度或者表观反射率进行大气校正，消除太阳短波辐射在大气–地表–传感器传输过程中所受的大气作用影响，转换为地表反射辐射亮度或地表反射率数据。

常用的大气校正方法可分为基于物理模型的大气校正法与基于经验或统计的大气校正法两类。基于物理模型的大气校正法是根据太阳短波辐射通过大气时与大气主要成分发生相互作用（如吸收、散射等）从而使得太阳短波辐射按照一定规律传输，由于太阳短波辐射与大气作用非常复杂，只能在一定假定条件下求解方程。如国际上常用的 6S、FLAASH、MODTRAN 等模型。这种方法是一种非常理想的大气校正法，必须获取卫星过境时的大气参数，求出透过率等大气因子，才能求解出地表反射信息。如果不通过专门的针对大气环境的观测方法，这些大气因子一般很难精确获取。基于经验或统计的大气校正法只去除主要的大气影响，使影像质量满足基本要求即可，如统计直方图法和回归分析法等。在实际应用中，需要根据实际需要选择适宜的大气校正方法。如果要做变化监测或动态变化，可以选择经验统计法。但如果要通过遥感数据进行地表参数反演等定量化研究，如水体污染物监测、植被生物物理变量提取、地表 albedo 等，那么就必须选择基于辐射传输模型法的大气校正方法。

由于本书中大气校正是地表参数反演的预处理步骤，因此基于物理模型的大气校正法成为研究重点。同时，考虑到大气因子在山区分布的复杂性及卫星过境时刻大气参数获取的困难性，6S 等已有大气校正模型仍然不能满足复杂地形区遥感影像大气校正的需求。因此，这里选择 Li 等（1999）在前人研究基础上提出的山区辐射传输模型进行大气校正。

传感器接收的辐射亮度（$L_{TOP}(\lambda)$）来自大气程辐射（$L_p(\lambda)$）和地表反射辐射亮度（$L(\lambda)$）经地表–传感器路径上的大气衰减，即

$$L_{TOP}(\lambda) = L_p(\lambda) + L(\lambda)T(\lambda, \theta_v) \tag{4.2}$$

式中，$T(\lambda, \theta_v)$ 为传感器观测方向上（即地表–传感器路径上）的大气透过率，其计算公式详见 3.1 节。总体而言，基于物理模型的大气校正方法主要由程辐射和大气透过率计算两部分内容组成。

1）大气程辐射

大气程辐射又称路径辐射，是太阳短波辐射在大气传输过程中被各大气成分及微粒散射后未到达地表而直接进入传感器的辐射。因此，程辐射 $L_p$ 没有包含地表信息，属于叠加在地表反射电磁波的干扰噪声，降低了遥感影像对比度。大气程辐射能量主要是由大气瑞利散射和气溶胶散射产生的向上辐射亮度，可以表示为

$$L_p(\lambda) = \frac{D_0 E_0(\lambda)\cos\theta_0 [\rho_r(\lambda) + \rho_a(\lambda)]}{\pi} \tag{4.3}$$

式中，$\rho_r(\lambda)$ 和 $\rho_a(\lambda)$ 分别是瑞利谱反射率和气溶胶谱反射率，反射率计算公式详见 Vermote 等（1997）、Santer 等（1999）的研究。

2）大气透过率

大气吸收和散射引起的大气透过率估算是大气辐射传输研究的重要内容。大气中的主要吸收体有臭氧、水汽、氧气和其他痕量气体。大气散射主要由气体分子引起的瑞利散射和大气微粒产生的气溶胶散射组成。氧气及其他痕量气体吸收、臭氧吸收以及瑞利散射产生的大气透过率计算相对容易，算法也比较成熟，因为这些气体含量的空间和时间分布都比较稳定。然而，水汽和气溶胶浓度时空分布变化较大，对太阳短波辐射作用也比较敏感，因此气溶胶和水汽参量及透过率的估算成为大气透过率研究的重点。

总体上讲，卫星传感器选择大气窗口，避免了分子吸收波段。既然每条吸收线的波段位置、强度和通道波谱响应曲线形状是已知的，那么大气吸收计算较为简单，可通过辐射传输模型按照波谱分辨率（如 10/cm）逐线积分获得（Kaufman et al.，1994）。

因此，大气校正主要是去除大气散射对遥感影像的影响，其影响机制较为复杂。大气散射作用不仅与大气状况有关，还受地表反射特性影响。地表类型可以分为暗目标和非暗目标。若将暗目标的反射率假设为零，则传感器接收到的辐射亮度全部来自大气程辐射影响，从而可将来自地表与来自大气的辐射亮度分开，大大简化了大气校正模型，例如暗目标法。非暗目标地物反射特性又分为朗伯反射和考虑地表 BRDF 的反射。

朗伯体地表只是一种理想假设，实际地表反射遵循各向异性特征。Hu 等（1999）研究发现地表 BRDF 必须与大气效应耦合，因为大气校正需要知道地表 BRDF 反射特性，反过来计算地表反射率必须要在大气校正去除大气效应的基础上进行。

3. 地形校正

光学遥感影像已被广泛地用于地表参数定量估计，例如各种地球物理参数（例如，叶面积指数、地面反照率）。然而，太阳入射辐射、大气衰减、地表反射特性等均受地形作用影响，导致空间传感器接收到的辐射亮度发生改变，从而使地表自然特性失真，为地表参数精确反演带来困难。例如，在遥感影像上，向着太阳的坡地显得较亮，而背向太阳方向的坡地较暗（Richter，1997，1998；Li et al.，1999，2002）。山地丘陵是中国陆地的基本形态之一，大部分矿产资源和水力资源也都集中于山地区。因此，有效消除地形效应成为高分辨率遥感影像能够被广泛应用的基础保证。

到目前为止，众多学者已经提出了各种地形校正模型。用于校正地形效应的方法可以分为两类：①是通过太阳入射角引起的太阳短波辐射的变化校正地表反射率的经验校正方法，例如比率模型、余弦模型、Minnaert 模型、太阳冠层传感器（SCS）模型和 C 模型。经验校正模型操作简单，但校正参数强烈依赖于场景的经验值，且因校正方法没有考虑物理过程，只抓住了影响太阳短波辐射的主分量即直接太阳短波辐射的重要部分，即坡地实际入射角的变化，没有真正考虑影响太阳直接辐射的遮蔽因子等，也没有涉及地形对散射辐射的影响，因此只适用于简单的定性遥感应用。②山区辐射传输模型校正法。随着多种精细的山区太阳短波辐射模型相继出现（Hay，1983；Sandmeier and Itten，1997），基于高分辨率的 DEM 数据，逐渐将地形遮蔽、天空可视因子等复杂地形因子引太阳入射辐射计算。基于山区辐射传输模型的地形校正模型能够较精细地考虑各地形影响因子，考虑了太阳-大气-地表系统的辐射传输物理过程，适用于定量遥感应用的数据预处理。

早期，基于辐射传输模型的地形校正法的差异往往在于这些地形因子计算方法的不同，以及考虑这些地形因子精细程度的不同。在朗伯体条件下，地表反射率通常表示为

$$\rho = \frac{\pi(L_{TOP}(\lambda) - L_p(\lambda))}{T(\lambda, \theta_v)E(\lambda)} \tag{4.4}$$

式中，$E(\lambda)$ 为地表接收到的太阳短波辐射，其随地形而改变，从而能够校正遥感影像上由于地形产生的地表辐照度的差异。然而，朗伯体反射特性意味着地表反射率在整个半球空间相同。当地表为朗伯体反射假设时，只是考虑地形引起的太阳短波辐射变化对遥感影像辐射亮度的影响，并没有考虑地表 BRDF 特性对影像辐射亮度的改变。因此，谱反射率不再区分坡地反射率和平地反射率，使得朗伯体地形校正模型应用受到极大的限制。

在山区遥感影像上，坡地反射率表现出了较强的各向异性反射特征，因此地表 BRDF 成为地形校正研究的热点。一些优秀的模型构建了山区 BRDF 模型，基于土地利用分类图模拟了核系数，基于 BRDF 模型去除了遥感影像地形效应，极大地提高了地形校正的精度。然而，对大气影响的考虑较为简单，且这些大气环境受地形影响，因此大气校正与地形校正必须同步进行，即地形标准化。

地形标准化概念的方法提出较早，但因山区大气参数获取困难以及缺乏有效的 BRDF 模型，并不能真正从遥感影像获得地表实际反射率。随着遥感技术发展，各种定量遥感产品相继出现，以 MODIS 产品为代表的大气产品，由于精度较高且免费发布等特点，成为太阳短波辐射估算及大气纠正的重要数据源。近年来 BRDF 模型的发展也给地形标准化带来机遇。

## 4.1.2  BRDF 线性核驱动模型

高分辨率遥感影像地形标准化分为两种基本数据处理：一是遥感影像大气校正；二是遥感影像地形校正。研究表明，这两种数据处理均受地表 BRDF 反射特性影响，因此，建立地表 BRDF 模型对于地表反照率遥感反演具有重要的意义。

### 1. 地表 BRDF 特性

#### 1）地表反射特性

地表反射率定义为物体反射的辐射能量占总能量的百分比，是小于等于 1 的数，其值的大小是地表物理性质、表面状况、入射电磁波的波长和入射角、地物反射角等的函数。根据地物表面反射太阳短波辐射特性的不同，可将地表反射分为三种类型：①镜面反射。对于理想的光滑表面，反射能量集中在一个方向，该光滑表面称为镜面，传感器只能在反射波射出的方向上才能探测到反射辐射亮度，其他方向探测不到辐射能量。②朗伯反射（漫反射，或各向同性反射）。对于理想的粗糙表面，地表向周围半球空间均匀地反射太阳短波辐射，该面称为朗伯面，这时传感器在任意角度接收到的地表反射辐射亮度是一个常

数。③方向反射（实际物体反射，或各向异性反射）。自然界中真正的镜面和朗伯面很少，实际地物反射特性介于两者之间，虽在半球空间各个方向都反射太阳短波辐射，但反射强度各异，传感器接收的辐射亮度随观测方向而改变。

2）地表 BRDF 反射特性

陆地表面覆盖地物如植被、土壤等，对太阳短波辐射的反射和散射具有各向异性反射特征。将自然物体反射率由电磁波入射角及观测角几何共同决定的性质称为地表 BRDF 反射特性。20 世纪 70 年代，Nicodemus 等（1977）提出了 BRDF 的精确定义，从（$\theta_i$，$\phi_i$）方向，以辐射亮度 $dL_i(\theta_i,\phi_i)$ 投射至点目标，造成该目标点的辐照度增量为 $dE_r(\theta_i,\phi_i)=dL_i(\theta_i,\phi_i)\cos\theta_i d\omega_i$，如图 4.1 所示。传感器从方向（$\theta_r$，$\phi_r$）观察目标物，接收到来自目标物对太阳短波辐射的反射辐射亮度值用 $dL_r(\theta_i,\phi_i,\theta_r,\phi_r)$ 表示，则

$$f_i(\theta_i,\phi_i,\theta_r,\phi_r)=\frac{dL_r(\theta_i,\phi_i,\theta_r,\phi_r)}{dE_r(\theta_i,\phi_i)}=\frac{dL_r(\theta_i,\phi_i,\theta_r,\phi_r)}{dL_i(\theta_i,\phi_i)\cos\theta_i d\omega_i} \tag{4.5}$$

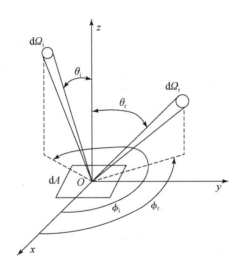

图 4.1　地表二向反射特性（据李小文和王锦地，1995）

BRDF 表明，地物反射太阳短波辐射能力不仅与地表覆盖类型的反射特性有关，且还依赖于太阳入射方向与传感器观测角度。如果已知太阳入射角与地表反射方向或传感器观测角，利用 BRDF 模型则能够获得给定方向上每单位立体角内的地表方向反射率。因此对于传感器而言，由于观察方向的差异在遥感影像上将产生地表反射率的不同，从而产生遥感数据"同物异谱"现象。然而，单一卫星过境时刻观测到的反射率无法外延到其他太阳高度角，因而无法精确估计全天的平均地表反射率（李小文，1989）。BRDF 描述了地表反射率在半球空间的分布特性，其单位是球面度的倒数。但由于本身是两个无穷小量的比，BRDF 实际测量比较困难，一般用无量纲的二向性反射率因子（Bidirectional Reflectance Factor，BRF）表示，在数值上等于 BRDF 乘以 π。

### 3）BRDF 模型

迄今为止，BRDF 模型主要分为物理模型、计算机模拟模型和半经验统计模型三类，用于不同的地物，如土壤、积雪、农作物、果树和森林等（李小文，1989）。物理模型又可分为辐射传输模型、几何光学模型和混合模型三类。辐射传输模型比较适合水平方向上均匀的三维空间结构，如农作物、草原、积雪等。几何光学模型比较适合于空间关系复杂但以表面反射为主的地物，如土壤、森林、建筑物等。计算机模拟模型适合于解决多重散射等更复杂的问题。半经验模型集成了经验模型与物理模型的优点，抓住了影响 BRDF 的主要因子，应用极其广泛。以 EOS-MODIS 采用的 Ross Thick-Li Sparse 核算法（AMBRALS 算法）为代表的半经验线性核驱动模型是通过一定物理意义核的线性组合来拟合地表二向反射特性，备受人们的关注。

### 4）地形对 BRDF 的改变

目前众多 BRDF 算法主要是针对平坦地表，考虑不同下垫面的方向反射特性的 BRDF 模型发展较为成熟。但是这些模型缺乏对坡度、坡向引起的 BRDF 形状改变的考虑（Li and Strahler，1985，1992；Li et al.，2010；Schaaf et al.，2002）。山地表面反射率强烈受地形坡度、坡向的影响。因此，基于 DEM 改进的平坦地表 BRDF 计算模型成为山区地表反照率遥感反演的先决条件，也是定量遥感精确反演地表各类参数的基础。

地表 BRDF 是波长及 4 个角度的函数。对于某一瞬间的平坦地表，太阳-地表-传感器几何位置关系是固定的，各像元太阳天顶角与方位角、传感器观测天顶角和方位角恒定。但是在山区，太阳-地表-传感器三者几何相对位置关系随地形而改变，甚至每个像元几何关系处处不同。由于坡度、坡向的影响，坡元太阳相对天顶角与方位角、坡元相对传感器观测天顶角和方位角 4 个角度均发生了变化，从而影响地表 BRDF 特性（Schaaf et al.，1994；Li et al.，2012）。

Schaaf 等（1994）将 Li-Strahler 几何光学模型扩展至倾斜地表，以探索地形对 BRDF 和 albedo 的影响，用 Li-Strahler 几何光学模型研究了地形对植被坡面 BRDF 的影响。将 Li-Strahler 几何光学模型进行地形转换，在给定太阳-地表-传感器条件下，可以计算得到光照与阴影坡面的面积比例，通过确定光照及阴影权重获得地表覆盖二向反射因子。当观测角与太阳入射角在相同位置时，方向反射率模型得到峰值，从而能够捕捉到热点方向。当观测方向从热点方向移除时，地表阴影作用使得方向反射率降低。当太阳天顶角或视天顶角比较大时，这种高反射率值又会出现，称之为"碗边效应"。Woodcock 等（1997）指出，斜坡上的 BRDF 实质是将太阳照射角、传感器观测角和树木特征转化至坡度坐标系中，这样问题归结为平地中的交互阴影问题。

### 2. BRDF 线性核驱动模型

二向反射分布函数 BRDF 描述了地表反射特性是入射角与观测角的函数。MODIS BRDF/albedo 16 天合成产品 MCD43A1 利用 16 天 Terra 及 Aqua 数据和一个半经验核驱动模型确定了描述陆地表面 BRDF 的参数集，用来计算任何所需要的观测方向及太阳入射方向的方向反射率（Schaaf et al.，2002），其质量产品 MCD43A2 描述了每个像元波谱段 BRDF

模型反演质量说明，从0-4说明质量依次在下降。

其算法 Ross Thick-Li Sparse 线性模型由三个核组成：各向同性核、体散射核及几何光学核。各向同性核认为是常数1，其他两个核是观测矢量和太阳照射矢量几何关系的函数，因此又称为体散射核函数与几何光学核函数。三个核系数与地表性质有关，是地表覆盖类型的函数。有些研究根据不同地表覆盖类型多次观测数据拟合了核系数（Wen et al.，2008）。MODIS 核系数产品 MCD43A1 直接提供了 Ross Thick-Li Sparse 线性核驱动模型的三个核系数，其由 16 天中每个像元无云、大气校正后的 MODIS 反射率拟合确定。第 5 版的核系数产品空间分辨率为500m，根据土地利用分类图，将 500m 空间分辨率核系数进行降尺度分析，得到三个与 TM30m 分辨率相对应的核系数（Shuai et al.，2011）。将其带入核驱动模型

$$\rho(\lambda)(\theta_s,\theta_v,\phi_{s-v})=f_{iso}(\lambda)+f_{vol}(\lambda)K_{vol}(\theta_s,\theta_v,\phi_{s-v})+f_{geo}(\lambda)K_{geo}(\theta_s,\theta_v,\phi_{s-v}) \quad (4.6)$$

在给定波段，地表二向反射率（$\rho(\lambda)(\theta_s,\theta_v,\phi_{s-v})$）是太阳天顶角（$\theta_s$）、传感器观测天顶角（$\theta_v$）、太阳与传感器相对方位角（$\phi_{s-v}$）三个变量的函数。$K_{vol}(\theta_s,\theta_v,\phi_{s-v})$ 也称为 Ross Thick 核（Ross and Leklem，1981；Roujean et al.，1992），$K_{geo}(\theta_s,\theta_v,\phi_{s-v})$ 表示体散射核函数，表示几何光学散射核函数。$f_{iso}(\lambda)$、$f_{vol}(\lambda)$、$f_{geo}(\lambda)$ 分别表示各向同性散射核、体散射核与几何光学散射核的权重系数。

Ross Thick 核函数

$$K_{vol}(\theta_s,\theta_v,\phi_{s-v})=\frac{\left(\frac{\pi}{2}-\xi\right)\cos\xi+\sin\xi}{\cos\theta_s\cos\theta_v}-\frac{\pi}{4} \quad (4.7)$$

其中，$\cos\xi=\cos\theta_s\cos\theta_v+\sin\theta_s\sin\theta_v\cos\phi_{s-v}$，$\phi_{s-v}=|\phi_s-\phi_v|$

Li Sparse 核函数：首先定义 $h$ 为树冠的中心高度，$b$ 为树冠垂直半径，$r$ 为树冠水平半径，则 $h/b$ 表示树冠相对高度，$b/r$ 为形状参数

$$K_{geo}(\theta_s,\theta_v,\phi_{s-v})=O(\theta_s,\theta_v,\phi_{s-v})-\sec\theta_s'-\sec\theta_v'+0.5(1+\cos\xi')\sec\theta_s'\sec\theta_v' \quad (4.8)$$

其中，

$$O(\theta_s,\theta_v,\phi_{s-v})=1/\pi(t-\sin t\cos t)(\sec\theta_s'+\sec\theta_v') \quad (4.9)$$

$$\cos t=\frac{h}{b}\frac{\sqrt{D^2+(\tan\theta_s'\tan\theta_v'\sin\phi_{s-v})^2}}{\sec\theta'+\sec\theta_v'} \quad (4.10)$$

$$D=\sqrt{\tan^2\theta_s'+\tan^2\theta_v'-\tan\theta_s'\tan\theta_v'\cos\phi_{s-v}} \quad (4.11)$$

$$\cos\xi'=\cos\theta_s'\cos\theta_v'+\sin\theta_s'\sin\theta_v'\cos\phi_{s-v} \quad (4.12)$$

其中，$\theta_s'=\tan^{-1}(b/r\tan\theta_s)$，$\theta_v'=\tan^{-1}(b/r\tan\theta_v)$

BRDF 是一种地表反射率模型，可以求出任意入射与出射条件下的地表反射率。对于高分辨率遥感影像地形校正而言，首先获得影像获取时刻每个坡元相对于观测角方向上的反射率，然后将该特定几何条件下的坡地反射率转换为无地形影响的地表反射率，即平坦地表反射率，从而实现遥感影像地形校正。

## 3. BRDF 地面观测

BRDF 地面观测一般需要借助 BRDF 观测架及地物光谱仪进行，闻建光等（2015）系

统介绍了基于国内外科研人员遥感车和遥感塔的地表二向反射特性的 BRDF 野外测量原理及方法。本节以圆盘式多角度观测架为例，介绍一种多角度测量方法。为了简化，一般采用太阳主平面和垂直太阳主平面两个方向的测量。下面以太阳主平面为例，说明地表 BRDF 测量过程。垂直太阳主平面测量方法与之类似。

首先在太阳主平面的半圆内，面向太阳方向的称为 BRDF 前向观测，与太阳同侧即背对太阳方向的成为 BRDF 后向观测。首先，将标准杆插在目标地物旁，将多角度观测架圆心对准目标物，半圆直径线与标准杆影子所在直线重合，如图 4.2 所示。测量人员站在多角度观测架外侧，改变观测天顶角的半圆尺，多光谱传感器位于该半圆 1/2 处，旋转尺正对着太阳方向，在太阳主平面内沿着太阳光方向顺时针转动改变视天顶角，以 10°为步长顺时针旋转至 70°为止，BRDF 前向观测结束。反之，在太阳主平面内沿着太阳光方向顺时针转动改变视天顶角，以 10°为步长逆时针旋转至 70°为止，BRDF 后向观测结束。

图 4.2　太阳主平面内地表 BRDF 测量

（a）前向观测；（b）后向观测

## 4. BRDF 核函数敏感性分析

在 Ross Thick-Li Sparse 线性核驱动模型中，三个线性核系数与反射地表的特性有关，而 Ross Thick 核函数和 Li Sparse 核函数则是与太阳–地表–传感器几何关系有关的 4 个角度的函数。下面通过改变太阳天顶角与方位角、视天顶角与方位角取值情形，研究两个核函数的值域变化特点。

相对方位角取值为：0°、10°、20°、30°、40°、50°、60°、70°、80°、90°、100°、110°、120°、130°、140°、150°、160°、170°、180°，共 19 种情形。太阳天顶角取值为：0°、10°、20°、30°、40°、50°、60°、70°、80°、90°，共 10 种情形。视天顶角在前向和后向观测方向上取值为：0°、10°、20°、30°、40°、50°、60°、70°、80°、90°，共 10 种情形。前向视天顶角定义为正值，后向视天顶角定义为负值。

从图 4.3 可以看出，当太阳照射角为 0°时，在太阳主平面内，随着观测天顶角的增加，Ross Thick 核函数与 Li Sparse 核函数绝对值均呈现增加趋势，且在半球空间呈对称分布。其中，Ross Thick 核函数缓慢增加，多数情况下为负值，当观测天顶角达到 70°左右时，其值才开始变为正值。Li Sparse 核函数值则均为非正值，其绝对值随着视天顶角的增大而迅速增加，观测点顶角达到 70° 以后，随着天顶角增加而增大的变化幅度加剧。

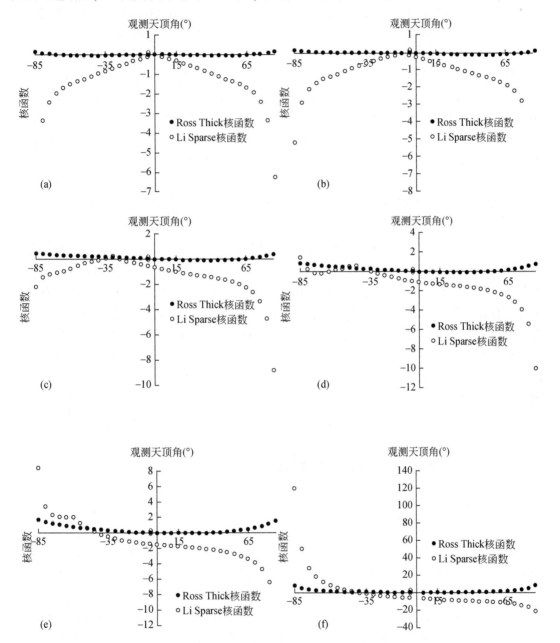

图 4.3　在太阳主平面半球空间上，Ross Thick 核函数与 Li Sparse 核函数随太阳
照射角与传感器观测角的变化而改变

（a）太阳照射角为 0°；（b）太阳照射角为 10°；（c）太阳照射角为 30°；（d）太阳照射角为 45°；
（e）太阳照射角为 60°；（f）太阳照射角为 80°

当太阳照射角大于 0°时, 在太阳主平面内, Ross Thick 核函数在半球空间对称分布,
且随着观测天顶角增大的变化趋势与太阳天顶角为 0°时相似, 但当太阳天顶角大于 45°
时, 其随太阳天顶角增加而增加趋势有所增强。然而, Li Sparse 核函数分布则在半球空间
基本不对称分布, 出现热点效应。当太阳照射角小于 30°时, Li Sparse 核函数值基本为负
值, 其绝对值随着视天顶角的增大而增大。当观测天顶角与太阳照射角相同时, Li Sparse
核函数值最大, 呈现出了热点效应。当太阳天顶角大于 45°时, 与太阳同方向的 Li Sparse
核函数基本为正值, 且随着观测天顶角增大而迅速增大 (图 4.3 (e) (f))。当太阳照射
角与视天顶角接近 90°时, 两个核函数值均会大幅度增加甚至能到极端情况。由此可见,
在地形复杂的山区, 太阳照射角随地形而变化。因此, 在 MODIS 线性核驱动模型
AMBRALS 中, Ross Thick 与 Li Sparse 核函数值将会因地形起伏影响而发生变化。

## 4.2 几种常见的 Landsat TM 影像地形校正模型

Landsat TM 数据已成为研究地表参数的重要全球数据来源, 而遥感影像地形校正是地
形标准化的关键步骤。由于地表局部地形起伏改变了局地太阳–地表–传感器几何关系, 地
形起伏使得背对着太阳的影像像元处于阴影中, 朝向太阳的像元处于明亮处, 因此在遥感
影像上存在明显的坡度、坡向、地形遮蔽等地形效应特征。地形效应引起的遥感影像辐射
亮度差异一直是影响崎岖山区定量遥感研究的主要障碍, 但在实际应用中, 由于山地辐射
传输模型复杂且由于早期高精度高分辨率 DEM 数据获取困难等因素, 在大多数 TM 影像
定量应用中忽略了地形校正处理。ATCOR3 地形校正模型因其简单性和可操作性而得到应
用。此外, 余弦校正、SCS 校正和 c 校正方法通常应用于 TM 影像地形校正。本节将比较
这几种常见的地形校正模型及方法。

### 4.2.1 DEM 数据及地形因子制备

1. 数据准备

研究区位于大野口流域, 遥感影像数据集包括 ASTER 图像和 2009 年 8 月 11 日获得
的 Landsat TM 图像, 太阳天顶角为 31.82°, 太阳方位角为 131.26°。Landsat TM 图像来
自美国地质调查局 (USGS) 地球资源观测系统 (EROS) 数据中心, ASTER 图像来自
寒区旱区科学数据中心[①], 数据投影均为 Universal Transverse Mercator (UTM) 投影, 坐
标系统为 WGS84。地面控制点是从 1:50 000 地形图中提取。为了有效地去除地形和大
气效应, 本节从 ASTER 立体像对中提取 15m DEM 数据。

---

① http://data.casnw.net/portal/.

## 2. 基于 ASTER 立体像对的 DEM 提取

Terra 卫星于 1999 年 12 月发射成功，是 NASA 地球观测系统（EOS）的一部分。ASTER 是装载在 Terra 卫星平台上的唯一一部高分辨率传感器，覆盖了可见光到热红外的 14 个波谱段，其中两个两个波长为 0.76~0.86μm，空间分辨率为 15m 的近红外波段（3N 和 3B）具有立体观测能力，在星下点和后视方向构成了同轨立体像对。ASTER 通过推扫式成像，利用有理多项式系数（RPC）获得有理函数模型，建立影像坐标与地理空间坐标之间的联系。ASTER 立体模型建立及 DEM 提取原理与基于 WorldView-2 立体像对提取 DEM 方法类似，详见参见 2.2.2 节。对于 ASTER 立体像对，一般选择波段 3N 作为左图像，将波段 3B 选为右图像。同时在研究区选择一定数量的地面控制点 GCP，用于校正 RPC 文件。基于图像内地形特征，通过影像自动匹配算法（用于比较立体图像的相应灰度值）自动收集多个左右影像连接点。为了获得精确的地形，对所有影像连接点进行逐个检查，剔除匹配误差较大的同名点。理想情况下，立体模型上的上下视差值应尽可能接近零。在创建地表真实立体模型后，佩戴立体眼镜观测三维地表模型，设置投影及坐标系统，定义像素大小自动创建 DEM 数据。

本节选择了 15 个地面控制点（GCP），并在立体模型上收集了 150 个影像连接点（TP）。通过删除所有粗略误差点，剩下大约 120 个连接点，并使影像连接点均方根误差 RMSD 控制在 1 个像素之内。图 4.4 为 ASTER 三维红绿立体模型（可以佩戴红绿眼镜观测立体）和自动提取的 15m DEM 数据。

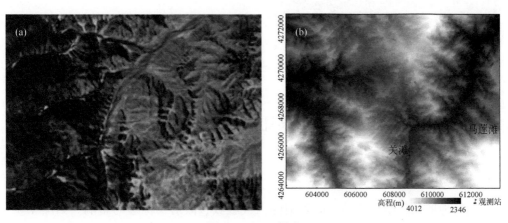

图 4.4　DEM 提取

(a) 三维红绿立体模型；(b) DEM（15m）

## 3. 基于 ATCOR3 的地形因子计算

基于提取的 15m DEM 数据，利用 ATCOR3 软件计算了一些重要的地形因子，如坡度、坡向、天空可视因子及遮蔽因子（图 4.5）。同时，也制备出了其他两种分辨率 DEM

（30m 和 90m）的各地形因子，用于比较分析各地形因子的尺度效应。

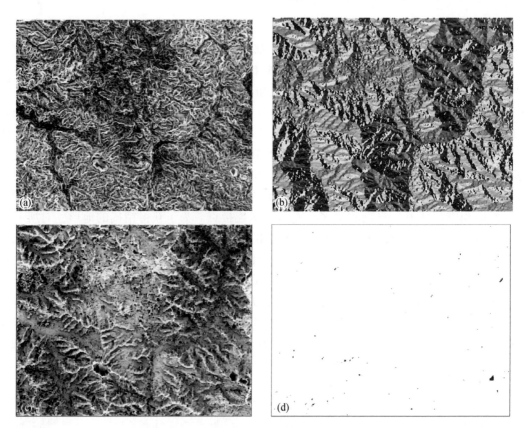

图4.5　各地形因子
（a）坡度；（b）坡向；（c）天空可视因子；（d）地形遮蔽因子

## 4.2.2　几种地形校正模型结果比较

### 1. ATCOR3 校正

在运行地形校正模型之前，必须消除大气吸收、散射及雾霾的影响。如图4.6（a）所示，尽管该原始影像上没有检测到云像素，但统计结果表明只有10%的像素是清晰的，90%的像素被雾霾笼罩着，因此需要对其进行大气校正。经大气校正后的真彩色合成图像各类地表信息更加清晰更加突出，如图4.6（b）所示。然而在大气校正后的图像上，地形起伏非常明显，阳坡地物明亮而阴坡地物非常暗淡，因此仍然需要进行地形校正预处理。

ATCOR3 地形校正模型原理与方法详见文献 Richter（1997），也类似于对 Sentinel-2 进行地形标准化的工具 Sen2Cor。根据经验，坡度大于60°的陡峭表面常常显示出明显的各向

图 4.6 Landsat TM 影像大气校正

（a）原始影像（真彩色合成）；（b）大气校正后的影像（真彩色合成）

异性反射特性，选择 $G$ 函数（式（2.10））对地表 BRDF 效应进行调节。图 4.7 为地表 BRDF 调节因子空间分布和 Landsat TM 地形校正结果。校正结果表明，大约 40% 的图像区域受到 BRDF 的影响。

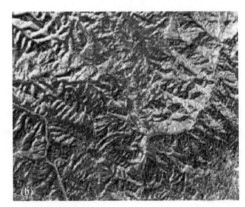

图 4.7 Landsat TM 影像地形校正

（a）BRDF 校正因子；（b）地形校正后的影像（真彩色）

### 2. 其他几种经验地形校正模型及比较

地形引起的遥感影像辐射畸变主要与照射角度的余弦有关，辐射亮度值与照射角余弦值呈现正相关，相关系数越大，畸变越强。在遥感发展初期，人们提出了余弦校正模型消除地形效应，假设传感器获取的辐射能量畸变仅仅与地形起伏引起的太阳实际照射角变化有关。但是对于照射角余弦值较小的值，如低照射角，余弦校正后的辐射亮度值往往太大，使得相对应的遥感数据产生过度校正现象。因此，后来学者们又提出了 SCS 模型、C 模型及其他地形校正模型，用以减弱微弱光照区域像元的过度校正问题。

本节分别利用 ATCOR3、余弦校正、SCS 模型与 C 模型对 Landsat TM 影像进行地形校正, 并通过地形校正后的辐射亮度值与太阳实际照射角余弦值之间的相关系数比较 4 个地形校正模型校正效果。图 4.8 表明 4 种地形校正模型可以在一定程度上消除地形效应, 但 4 种模型校正后的影像都存在过校正现象, 即辐射亮度值与照射角余弦值呈负相关。与其他三种校正模型相比, ATCOR3 模型可以有效地恢复由地形引起的图像失真, 并且减少了图像依赖性的地表及大气输入参数。因此, ATCOR3 模型可以广泛地用于地形校正以消除或至少减弱地形效应。

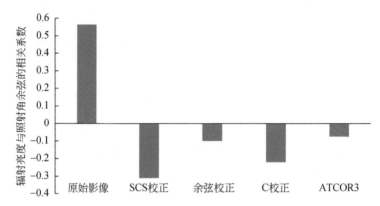

图 4.8　原始影像与地形校正后影像辐射亮度与照射角余弦值相关关系对比

### 3. 主要地形因子尺度效应

DEM 在地形校正中起着重要作用, 其空间分辨率决定了坡元高程、坡度和天空可视因子等几个关键地形因子, 从而最终影响遥感影像地形校正效果。DEM 空间分辨率通过地面采样距离 GSD 来测量, 描述了地表高程像素之间的间距。因此, 下面将讨论 DEM 空间分辨率对地表高程、坡度和天空可视因子空间尺度的影响。为了避免由不同 DEM 数据源产生的不确定性, 30m 和 90m 尺度的 DEM 均从基于 ASTER 立体像对提取的 15m DEM 通过最近邻重采样方法获得。为了分析方便, 随机选择某一水平剖面线, 获得等间距的 60 个点, 对各 DEM 及其地形因子进行剖面分析、探讨地形因子的尺度效应。

图 4.9 刻画了三种不同分辨率 DEM 所表达的地表高程变化特征。15m 空间尺度的 DEM 数据可以详细描述地面点高程的变化, 准确表达山体特征, 如山谷点和山脊线。然而, 30m 和 90m GSD 的 DEM 使地形更平坦、更平滑, 尤其是 90m DEM。此外, 15m DEM 尺度下的地形遮蔽因子中存在许多零值的像素, 即在 15m DEM 中, 由于该坡元被地形遮蔽而使得接收太阳直接辐射为零。然而, 利用 30m 和 90m 网格 DEM 计算的地形遮蔽因子中, 所有值均为 1, 表明在这两个空间尺度下所有地表都是被太阳光照射的。从图 4.10 也可以看出, 15m 尺度坡度数据能够反映地表地形起伏变化, 随着空间尺度增大, 坡度值越来越小, 坡地越来越平缓, 尤其是 90m 尺度的坡度数据, 具有削峰填谷的效果。与此同时, 随着空间尺度的增大, 天空可视因子值呈现增大趋势 (图 4.11)。

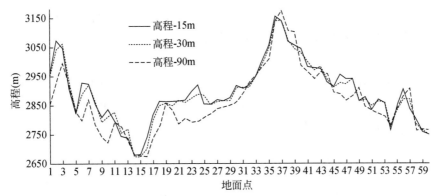

图 4.9　三种分辨率 DEM（90m、30m、15m）数据在某一水平剖面的高程变化

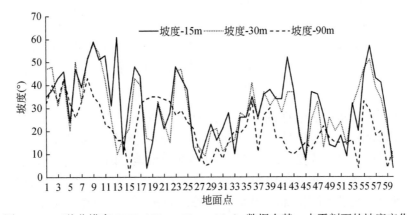

图 4.10　三种分辨率 DEM（90m、30m、15m）数据在某一水平剖面的坡度变化

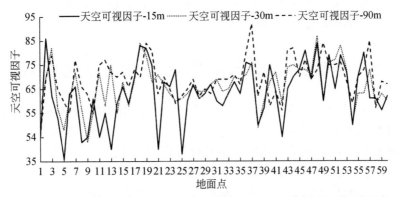

图 4.11　三种分辨率 DEM（90m、30m、15m）数据在某一水平剖面的天空可视因子变化

　　上述实验表明，高分辨率 DEM 数据能够真实地表达实际地形和地形因子对太阳短波辐射的影响作用，从而提高了太阳短波辐射能量估计和地形校正的准确性。在 Landsat TM 原始影像、15m DEM 地形标准化和 30m DEM 地形标准化影像上，分别任意选择地处阴坡的林地和草地像元，如图 4.12 所示，相比原始影像，地形标准化后的影像上大气散射作用被有效消除，从而使绿色植被在蓝波段的反射率降低。同时，提高了阴坡植被其他波段

的反射率, 尤其在 15m DEM 尺度地形校正后的影像上, 阴坡上的森林和草地辐射亮度值得到改善, 使得阴坡地物的更多细节信息得以恢复。

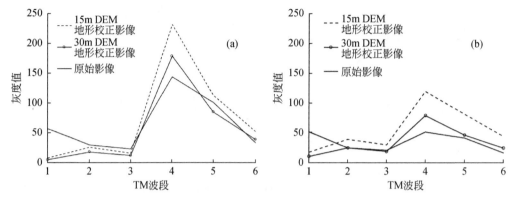

图 4.12　阴坡草地和林地分别在 Landsat TM 原始影像、15m DEM 地形标准化和 30m DEM 地形标准化影像上的反射波谱曲线

（a）草地；（b）林地

本节对比分析了几种常用的 Landsat TM 影像的地形校正方法, 实验表明, 地形校正后的遥感影像能够恢复由于地形导致的图像失真。DEM 空间分辨率是遥感影像地形校正的基础, 其空间尺度决定了坡度、天空可视因子等重要的地形因子计算, 直接影响地形效应校正结果。实验表明, 高分辨率 DEM 可以有效地消除地形效应, 来自 ASTER 立体像对的 DEM 数据能够提供地形细节信息, 从而极大地提高遥感影像地形校正精确度。另外, 与其他三个常用的经验校正模型相比, ATCOR3 物理模型校正法能够同时进行大气与地形校正, 成为山区定量遥感分析的重要处理工具, 但由于其在地表 BRDF 方面考虑较为简单, 因此有必要发展一种更精细的地形标准化模型。

## 4.3　考虑地表 BRDF 的遥感影像地形标准化

地表反照率是影响地表短波净辐射的重要因素, 高分辨率遥感影像成为地表 albedo 遥感反演的重要数据源。然而, 遥感观测不仅受水汽等大气光学因素影响, 同时受坡度、坡向等地形因子以及地表 BRDF 反射特性等影响。遥感影像地形标准化主要是同时进行由大气与地形共同作用引起遥感影像辐射亮度畸变校正。本节研究的主要目标：一是在现有 Li 等（2002）地形标准化成果基础上, 引入地表 BRDF 模型；二是将 MODIS 水汽和气溶胶大气产品作为地形标准化模型参数, 从而获得 Landsat TM 卫星过境时刻的大气主要参数。

### 4.3.1　地形标准化流程图

如图 4.13 所示, 从正向大气辐射传输过程来看, 在可见光/近红外, 航空/卫星传感器入瞳处的辐射亮度受三个因素的强烈制约：①太阳–地表几何关系引起坡地入射太阳波谱辐射能量的改变；②在太阳–地表–传感器路径上，太阳短波辐射二次经过大气的衰减作用；③坡地 BRDF 反射特征。

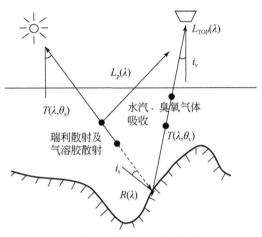

图 4.13　大气顶传感器接收到的辐亮度

　　根据研究内容的不同，将遥感影像地形标准化分解为 4 个重要部分：大气参数、地表太阳谱辐射估算、山区 BRDF 模型和山区地表反射率模型构建，其流程如图 4.14 所示。其中，大气参数和地表接收的太阳谱辐射能量估算可以参考 3.1 节宽波段太阳短波辐射参数化方案。然而，地表 BRDF 的影响因素比较复杂。由于线性核驱动模型 AMBRALS 中的 Ross Thick（Ross 体散射核函数）与 Li Sparse 核函数（Li 氏几何光学核函数）均会受地形

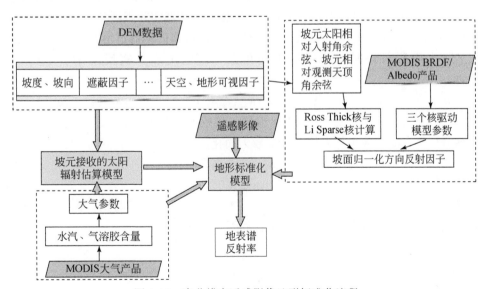

图 4.14　高分辨率遥感影像地形标准化流程

起伏影响而发生变化，本节将山区 BRDF 模型引入地形标准化模型，建立考虑地表 BRDF 的地形标准化模型。

## 4.3.2 山地 BRDF 模型

在 BRDF 线性核驱动模型中，地表 BRDF 是波长及 4 个角度的函数。Ross 体散射核函数与 Li 氏几何光学核函数都是太阳–地表–传感器的几何参数，都是太阳入射角和传感器观测的函数。在平坦地表某瞬间，太阳–地表–传感器几何位置关系是固定的，每个像元对应的太阳天顶角与方位角、传感器观测天顶角和方位角也是恒定的。但山区崎岖地表，每个坡元对应的太阳–地表–传感器几何关系随地形而改变。山区 BRDF 形状将发生改变，必须建立适合山区的 BRDF 模型。

由于坡度（$S$）、坡向（$A$）的影响，坡元太阳相对天顶角与方位角、坡元相对传感器观测天顶角和方位角 4 个角度均发生了变化，即

$$\cos i_s = \cos\theta_s\cos S + \sin\theta_s\sin S\cos(\phi_s - A) \tag{4.13}$$

$$\cos i_v = \cos\theta_v\cos S + \sin\theta_v\sin S\cos(\phi_v - A) \tag{4.14}$$

$$\tan\varphi_s = \frac{\sin\theta_s\sin(\varphi_s - A)}{\cos\theta_s\sin S - \sin\theta_s\cos S\cos(\phi_s - A)} \tag{4.15}$$

$$\tan\varphi_v = \frac{\sin\theta_v\sin(\varphi_v - A)}{\cos\theta_v\sin S - \sin\theta_v\cos S\cos(\phi_v - A)} \tag{4.16}$$

MODIS BRDF/Albedo 没有直接考虑地形坡度、坡向的影响（Zhou et al.，2009），不能直接应用于山区光谱反照率反演，需要引入 DEM 数据，利用前向模型对其进行修改，获得考虑坡度、坡向、天顶处实际方向反射率。在 Ross Thick-Li Sparse 线性核驱动模型中以坡元实际太阳照射角 $i_s$ 代替太阳天顶角 $\theta_s$，以坡元传感器实际观测角 $i_v$ 代替传感器天顶角 $\theta_v$。将式（4.13）–式（4.16）代入式（4.17）中，得到传感器过境时刻，坡元太阳相对坡元在实际太阳照射角时与传感器观测角条件下的地表真实反射率 $\rho(\lambda)(i_s, i_v, \varphi_{s-v})$，即

$$\rho(\lambda)(i_s, i_v, \varphi_{s-v}) = f_{iso}(\lambda) + f_{vol}(\lambda)K_{vol}(i_s, i_v, \varphi_{s-v}) + f_{geo}(\lambda)K_{geo}(i_s, i_v, \varphi_{s-v}) \tag{4.17}$$

其中，$\varphi_{s-v} = |\varphi_s - \varphi_v|$ 对于 Landsat 卫星，传感器观测天顶角与方位角均为零，则坡元处传感器相对观测天顶角与方位角计算较为简化，即

$$\cos i_v = \cos S \tag{4.18}$$

$$\tan\varphi_v = 0 \tag{4.19}$$

在以上研究基础上，计算了 2010 年 8 月 14 日 Landsat 5 过境时刻，张掖地区 Li Sparse 核函数与 Ross Thick 核函数空间分布状况，如图 4.15 所示。

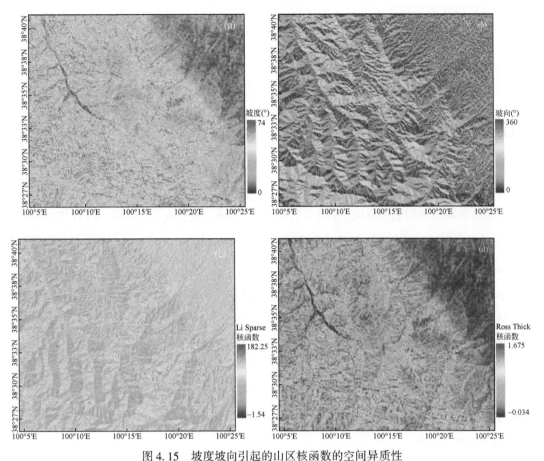

图 4.15　坡度坡向引起的山区核函数的空间异质性
（a）坡度；（b）坡向；（c）Li Sparse 核函数；（d）Ross Thick 核函数

## 4.3.3　地形标准化模型

### 1. Landsat TM TOA 辐射亮度

当考虑地表 BRDF 特性时，必须考虑地形引起的地表–传感器几何变化引起观测角度对 TOA 辐射亮度的影响。去除地形影响，将遥感影像记录的坡地反射率转化为平坦地表反射率，即

$$L_{\text{TOP}}(\lambda) = L_p(\lambda) + (1/\pi)(E_{\text{dir}}(\lambda) + E_{\text{aniso\_dif}}(\lambda)) \times T(\lambda, \theta_v)\rho_T(\lambda)(i_s, i_v, \varphi_{s-v})$$
$$+ (1/\pi)(E_{\text{iso\_dif}}(\lambda) + E_{\text{ref}}(\lambda))T(\lambda, \theta_v)\rho_{T_{sd}}(i_v, \varphi_v)$$

(4.20)

在坡度为 $S$、坡向为 $A$ 的像元上，太阳天顶角和方位角、传感器观测天顶角和方位角分别记为：$(\theta_s, \varphi_s)$ 和 $(\theta_v, \varphi_v)$。但由于地形影响，坡元对应的实际太阳天顶角和方

位角、传感器观测角和方位角及太阳与传感器相对方位角分别是：$(i_s, \varphi_s)$、$(i_v, \varphi_v)$ 和 $\varphi_{s-v}$。由于太阳天顶角与方位角的变化，同一时刻地表实际接收的太阳短波辐射空间异质性较强，其地表各向异性反射特性也更加突出。假定地表反射的太阳直接辐射与各向异性散射辐射属坡面方向-方向反射率，即 $\rho_T(\lambda)(i_s, i_v, \varphi_{s-v})$。各向同性散射辐射与周围地形反射辐射反射规律符合坡面半球-方向反射率特点（闻建光，2008），记为 $\rho_{T_{sd}}(\lambda)(i_v, \varphi_v)$。$E_{dir}(\lambda)$、$E_{aniso\text{-}dif}(\lambda)$、$E_{iso\text{-}dif}(\lambda)$ 和 $E_{ref}(\lambda)$ 分别表示太阳直接辐射、各向异性散射辐射、各向同性散射辐射和周围地形的反射辐射，$T(\lambda, \theta_v)$ 为观测方向透过率。

### 2. 坡面 BRDF 归一化方向反射因子

在山区，由于地形起伏，同一覆盖类型的地表坡面方向-方向反射率 $\rho_T(\lambda)(i_s, i_v, \varphi_{s-v})$ 与消除地形影响后平坦地表方向-方向反射率 $\rho_H(\lambda)(\theta_s, \theta_v, \phi_{s-v})$ 不同，两者之间存在如下关系

$$\Omega(\lambda)(i_s, i_v, \varphi_{s-v}, \theta_s, \theta_v, \phi_{s-v}) = \rho_T(\lambda)(i_s, i_v, \varphi_{s-v}) / \rho_H(\lambda)(\theta_s, \theta_v, \phi_{s-v}) \quad (4.21)$$

式中定义 $\Omega(\lambda)(i_s, i_v, \varphi_{s-v}, \theta_s, \theta_v, \phi_{s-v})$ 定义为坡面 BRDF 归一化方向反射因子。半球-方向反射率较复杂，且在一般晴空条件下，各向同性散射辐射与周围地形反射辐射较小，可以认为此时坡地表面反射辐射服从各向同性特性，即坡地反射率与平坦地表反射率一致，均可用平坦地表方向-方向反射率来表示，即

$$\rho_{T_{sd}}(\lambda)(i_v, \varphi_v) = \rho_H(\lambda)(\theta_s, \theta_v, \phi_{s-v}) \quad (4.22)$$

### 3. 考虑 BRDF 的地形标准化模型

将式（4.21）、式（4.22）分别带入式（4.20），经过整理，获得平坦地表反射率为 $\rho_H(\lambda)(\theta_s, \theta_v, \phi_{s-v})$

$$= \frac{\pi(L_{TOP}(\lambda) - L_p(\lambda))}{T(\lambda, \theta_v)((E_{dir}(\lambda) + E_{aniso\_dif}(\lambda))\Omega(\lambda)(i_s, i_v, \varphi_{s-v}, \theta_s, \theta_v, \phi_{s-v}) + (E_{iso\_dif}(\lambda) + E_{ref}(\lambda)))}$$

$$(4.23)$$

## 4.3.4 地形标准化模型参数

### 1. 大气透过率

太阳短波辐射在大气传输过程中主要被臭氧、水汽及痕量气体吸收，受瑞利散射和气溶胶散射作用，其各分量透过率公式详见文献（Li et al.，1999）。在波谱透过率计算中，为了将 MODIS 水汽与气溶胶产品作为模型输入，代替公式中的大气可降水厚度与气溶胶光学厚度，需要对水汽透过率公式与气溶胶透过率进行修改，修改方法类似于 3.1.4 节，在此不再赘述。

### 2. 太阳波谱辐照度

与宽波段太阳辐照度计算方法类似（式（3.18）），在复杂地形山区，地表除了接

收来自太阳直接辐射、各向异性散射辐射、各向同性散射辐射外，周围地形的反射辐射也是非常重要的辐射来源。与宽波段太阳辐照度计算方法类似，山区地表接收的波长为 $\lambda$ 的太阳短波谱辐射总量可表示为

$$E(\lambda)=E_{\text{dir}}(\lambda)+E_{\text{iso\_dif}}(\lambda)+E_{\text{aniso\_dif}}(\lambda)+E_{\text{ref}}(\lambda) \tag{4.24}$$

1）太阳波谱直接辐射

太阳波谱直接辐射计算方法为

$$E_{\text{dir}}(\lambda)=V_s D_0 E_0(\lambda) T(\lambda,\theta_s)\cos i_s \quad \text{if } \cos i_s>0 \tag{4.25}$$
$$E_{\text{dir}}(\lambda)=0 \quad \text{otherwise}$$

式中，$E_0(\lambda)$ 为 TM 太阳波谱辐照度，其值可以参考 TM 官方网站①提供的校准参数。2009 年 7 月 1 日至 9 月 30 日 Landsat 5 TM 各波段的太阳谱辐照度能量大小如表 4.1 所示。

表 4.1　TM 传感器太阳波谱辐照度　（单位：W/（m²·μm））

| 波段 | 1 | 2 | 3 | 4 | 5 | 7 |
|---|---|---|---|---|---|---|
| TM | 1957.00 | 1826.00 | 1554.00 | 1036.00 | 215.00 | 80.67 |

太阳短波辐射在大气传输传输过程中，因臭氧、水汽及气溶胶等吸收和散射而衰减，$T(\lambda,\theta)$ 表示大气透射率，是波长和太阳光线传播角度（$\theta$）的函数。在太阳入射方向上，大气透过率与太阳天顶角 $\theta_s$ 有关，在观测方向上，大气透过率与传感器观测天顶角 $\theta_v$ 有关。由于大气减弱的物理机制以及大气成分的变化极为复杂，所以需要一个能适用于多种应用目的的计算模式。大气透过率选择 Leckner（1978）提出的一个简化模式（左大康等，1991）

$$T(\lambda,\theta)=T_r(\lambda,\theta)T_{o3}(\lambda,\theta)T_w(\lambda,\theta)T_a(\lambda,\theta) \tag{4.26}$$

式中，$T_r(\lambda,\theta)$、$T_{o3}(\lambda,\theta)$、$T_w(\lambda,\theta)$、$T_a(\lambda,\theta)$ 分别表示瑞利散射、臭氧吸收、水汽吸收、气溶胶减弱的透过函数，由晴空大气透射率参数模型获得，具体计算公式详见 Li 等（2002）。

2）太阳波谱散射辐射

太阳散射辐射计算方法参照 3.1 节方法，综合国内外学者研究成果，波长为 $\lambda$ 的各向异性散射辐射与各向同性散射辐射计算方法为

$$E_{\text{iso\_dif}}(\lambda)=E_{\text{dif}}^{\text{hor}}(\lambda)V_{\text{iso}}(1-K) \tag{4.27}$$

$$E_{\text{aniso\_dif}}(\lambda)=E_{\text{dif}}^{\text{hor}}(\lambda)V_s K\frac{\cos i_s}{\cos\theta_s} \text{ if }\cos i_s>0 \tag{4.28}$$

$$E_{\text{aniso\_dif}}(\lambda)=0 \quad \text{otherwise}$$

式中，$E_{\text{dif}}^{\text{hor}}(\lambda)$ 是水平表面的散射辐射，其值由 Munro 和 Young（1982）提出的公式获得

$$E_{\text{dif}}^{\text{hor}}(\lambda)=D_0 E_0(\lambda)\cos\theta_s(0.5 T_{o3}(\lambda,\theta_s)(1-T_r(\lambda,\theta_s)) \tag{4.29}$$
$$+0.8(T_{o3}(\lambda,\theta_s)T_r(\lambda,\theta_s)-(1-T_w(\lambda,\theta_s)))(1-T_a(\lambda,\theta_s)))$$

① http：//landsat.usgs.gov/science_ L5_ cpf.php.

$$K = E_{\mathrm{dir}}^{\mathrm{hor}}(\lambda)/E_0(\lambda) \tag{4.30}$$

$E_{\mathrm{dir}}^{\mathrm{hor}}(\lambda)$ 是无遮蔽条件下水平面上的直接辐射，由下式计算

$$E_{\mathrm{dir}}^{\mathrm{hor}}(\lambda) = D_0 E_0(\lambda) T(\lambda,\theta_s)\cos\theta_s \tag{4.31}$$

3）周围地形反射波谱辐射

通常情况，因周围地形反射辐射能量比较小可以忽略，但是当具有较高反射率时，该项对总辐射的贡献较大，因此必须进行估算。周围地形反射辐射能量大小受周围可见像元地表反射率、可见像元波谱总辐射能量以及目标像元与周围像元之间地形结构因子的制约，估算原理同 3.1 节。为了避免计算工作量，可以将可见面元入射的辐照度与反射率进行合并，直接利用遥感影像测量的辐射亮度值转换为地表辐射亮度来代替，从而简化周围地形对目标面元的辐射贡献。本研究引用 Li 等（2002）研究成果，获得周围地形反射辐射计算公式为

$$E_{\mathrm{ref}}(\lambda) = \pi \sum_{i=1}^{n} L_i(\lambda) F_{ij}(i=1,2,\cdots,n), i \neq j \tag{4.32}$$

式中，$F_{ij}$ 为地形结构因子；$L_i(\lambda)$ 为像元 $i$ 辐射亮度。

图 4.16 是对 2009 年 8 月 11 日 TM 影像进行地形标准化的几个重要参数。

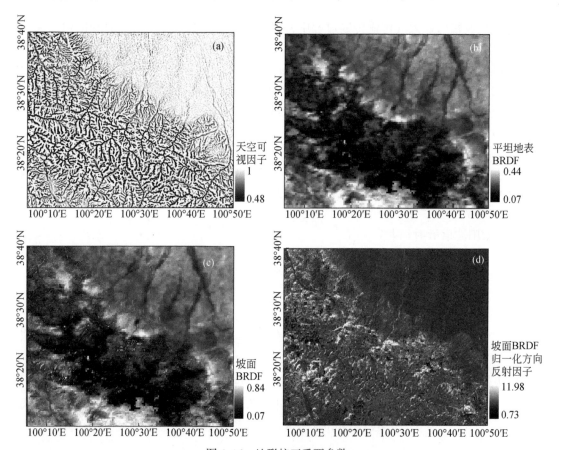

图 4.16　地形校正重要参数

（a）天空可视因子；（b）平坦地表 BRDF；（c）山区地表 BRDF；（d）坡面 BRDF 归一化方向反射因子

## 4.3.5 地形标准化模型精度验证

### 1. 大气校正精度验证

遥感影像地形标准化是山区定量遥感反演的预处理步骤，也是地表反照率反演的基础。为了比较本节遥感影像地形标准化效果，列举了 4 种大气校正与地形校正方法，如表 4.2 所示。FLAASH 是由美国波谱科学研究所开发的大气校正模块，是以 MODTRAN4 为基础的大气校正软件包，常通过影像自身估计大气水汽和气溶胶信息，因此能够精确估算地表反射率（Cooley，2002）。其他三种模型均将 MODIS 水汽与气溶胶产品作为模型输入参数，只对遥感影像进行大气校正的模型为 MBAC，MBBA 表示以地表朗伯体反射假设的地形标准化模型；MBAC 则是本节提出的考虑地表 BRDF 特性的地形标准化模型。

**表 4.2　4 种大气与地形校正方法**

| 方法名称 | DEM 和地形因子 | 水汽产品 | 气溶胶产品 |
| --- | --- | --- | --- |
| MODIS_ based BRDF algorithm（MBBA） | 是 | MOD05L2 | MOD04L2 |
| MODIS_ based Lambertian algorithm（MBLA） | 是 | MOD05L2 | MOD04L2 |
| MODIS_ based atmospheric correction（MBAC） | 否 | MOD05L2 | MOD04L2 |
| FLAASH | 否 | —— | —— |

在研究区，Landsat TM 在当地过境的同一天与 MODIS 上午星过境时刻一般相差 1h 左右，因此 MODIS 大气产品成为 TM 影像地形标准化的大气输入参数，图 4.17 为 FLAASH 和 MBAC 两种大气校正结果。

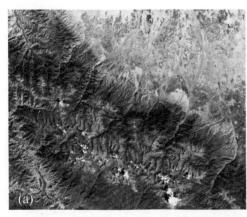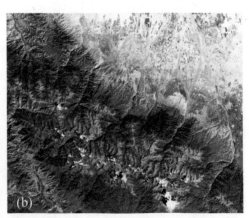

图 4.17　大气校正标准价彩色影像

(a) FLAASH；(b) MBAC

下面从目视效果和光谱定量分析两个不同角度对两种大气校正方法进行比较。图 4.18 为水体和阴坡林地在大气校正前后的地物波谱曲线。不难发现，大气校正后阴坡林地反射率提高，恢复了阴影处地物的信息。而与阴坡林地相反，水体反射率大气校正前比校正后较高，尤其是在近红外波段。这是因为大气校正去除了程辐射对遥感影像的影响，从而恢复了水体真实反射率，使得近红外波段几乎为零。图 4.18 的地物波谱曲线变化表明，基于 MODIS 水汽和气溶胶产品的大气校正模型能精确描述 MODIS 过境时刻的大气状况。与 FLAASH 模型相比，基于 MODIS 大气产品的 MBAC 模型能有效地去除大气对遥感影像的影响。

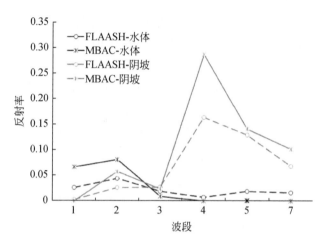

图 4.18　大气校正后水体和阴坡森林像元波谱反射率曲线

## 2. 地形校正精度验证

在 MODIS 大气产品基础上，构建了山区地表 BRDF 反射率模型，图 4.19 为仅进行大气校正与地形标准化后的反射率影像。

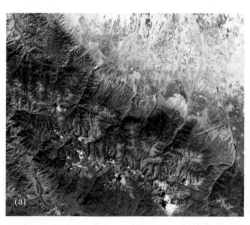

图 4.19　仅大气校正与地形标准化反射率影像
（a）MBAC；（b）MBBA

一般而言，像元太阳照射角余弦值与地表反射率是否存在线性相关成为一种评判地形校正效果的常用方法。在研究区不同覆盖类型不同地形条件下，任意选取了 416 个像元。在图 4.20（a）中，在未消除地形效应的遥感影像上反演的地表反射率，随地形坡度、坡向而发生变化，且随太阳照射角余弦值的增大而增大。但是考虑地形效应后，如图 4.20（b）所示，由于去除了地形对遥感影像的影响，其反演的反射率与太阳照射角余弦值之间基本消除了这种线性依赖关系，从而恢复地表真实反射率。

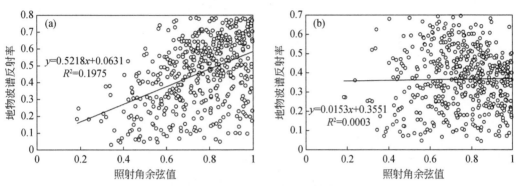

图 4.20 TM 4 波段像元反射率与太阳照射角余弦散点图
(a) MBAC；(b) MBBA

为了进一步目视评价耦合 MODIS 大气产品与地表 BRDF 特性的地形标准化模型去除地形效应的优势，将部分结果进行放大，如图 4.21 所示。可以看出，由于地形崎岖，使得大气校正影像（图 4.21（a））上面向太阳方向的阳坡地物较亮，而背向太阳方向的阴坡地物较暗，从而产生地形起伏与阴暗效应明显，为遥感影像解译与定量遥感研究带来困难。经过地形校正后的遥感影像，地形平坦化，减弱了阴坡与阳坡辐射亮度的差异，同时也提高了阴坡与半阴坡处地物的反射率。去除地形效应后的反射率影像上，阴坡处更多地物细节信息突现。然而，由于地表朗伯体反射特性的假设，往往在阴影处出现过校正问题，如 A 和 B 处。而本节地表标准化模型考虑了地表 BRDF 反射特性，抑制了这种过校正效应，如图 4.21（c）所示。

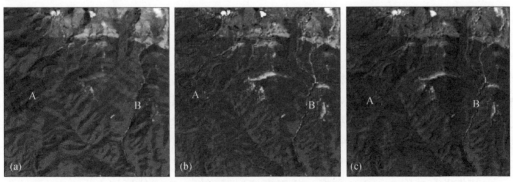

图 4.21 大气校正影像与两种地形标准化影像比较
(a) MBAC；(b) MBLA；(c) MBBA

从阴坡处选取某一像元，获得对应三个模型的波谱反射率曲线，如图 4.22 所示。不难看出，同时考虑大气和地形效应的 MBLA 模型极大地提高了阴坡地表 TM 4 波段反射率；同时，考虑 BRDF 的地形校正模型 MBBA 能够进一步增强了阴坡处的地表信息。

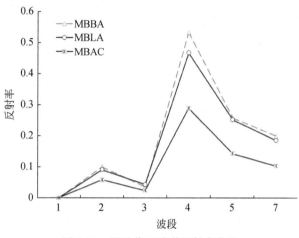

图 4.22　阴坡像元波谱反射率曲线

从以上对比分析来看，基于 MODIS 大气产品且考虑地表 BRDF 的 MBBA 地形标准化模型校正效果较好，同步进行大气校正与地形校正后反演的反照率值更真实客观，然而，仔细分析图 4.21 发现，地形产生的影响并没有完全消除，表明该模型也存在一定缺陷。主要表现在：一方面，在地形较破碎的区域，校正后的影像"地形起伏"依然存在；另一方面，在阴影较大区域，由于地形校正过度引入了噪声。

# 4.4　DEM 在地形校正中的尺度效应

## 4.4.1　尺度效应研究思路

自 20 世纪 70 年代以来，为了消除或者降低地形因子对遥感影像的影响不同地形校正方法被相继提出。近年来，基于物理机制的地形校正模型在太阳短波辐射估算、大气透过率以及地表 BRDF 反射特性等三个方面得到了较快的发展。尽管地形校正模型越来越复杂，地形因子计算考虑越来越精细，但是对遥感影像地形校正的效果依然不佳。例如，在地形校正后的影像中要么地形效应没有完全消除，要么在某些区域存在过校正现象，因此无法完全剔除地形效应获得可靠的地表参数估算值。引起这种现象的原因除各种简化产生的模型误差外，DEM 自身空间尺度也是重要的误差来源（Richter，1998；Wen et al.，2008；Zhang and Li，2011）。

本节借助高精度 5m DEM 数据，基于模拟遥感影像，探索地形校正中 DEM 及地形因子的尺度效应。首先，借助 5m DEM、研究区地表覆盖类型、传感器波谱响应函数及山区辐射传输模型，模拟 30–500m（30m、90m、250m 和 500m）4 种分辨率的 Landsat TM 遥感影像。然后，分别利用 5–500m（5m、10m、30m、90m、250m 和 500m）6 种不同分辨率的 DEM 数据对 4 种 Landsat TM 模拟影像进行地形校正，分析 DEM 空间尺度变化对各尺度遥感影像地形的去除作用。

Proy 等（1989）认为，如果散射辐射抓住地形效应的主要部分，朗伯体假设的遥感影像地形校正模型也可以得到理想的校正结果。为了重点探索 DEM 空间分辨率在地形校正中的尺度效应，减少其他因素的影响，本研究采用较成熟的朗伯体假设的山区地形校正模型（Li et al.，2002）。

本节研究的目的是探索 DEM 空间分辨率如何影响地形因子，从而最终影响地形校正结果。研究主要分为两步：一是遥感影像模拟；二是地形校正，其流程图如图 4.23 所示。

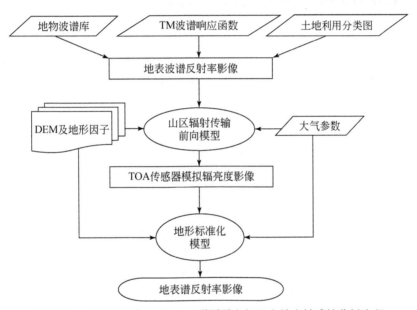

图 4.23　地形校正中 DEM 及地形因子空间尺度效应敏感性分析流程

## 1. 遥感影像模拟

地表朗伯体假设条件下，大气顶传感器接收到的辐射亮度由两部分组成，即

$$L_{\text{TOP}}(\lambda) = L_{\text{p}}(\lambda) + L(\lambda)T(\lambda, \theta_{\text{v}}) = L_{\text{p}}(\lambda) + \frac{1}{\pi} \times E(\lambda, i_{\text{s}}) \rho_{\text{H}}(\lambda) T(\lambda, \theta_{\text{v}}) \quad (4.33)$$

在前向模型中，模拟遥感影像辐射亮度需要 4 类与波长相关的输入参数：程辐射（$L_{\text{p}}(\lambda)$）、大气透过率（$T(\lambda, \theta_{\text{v}})$）、太阳波谱辐照度 $E(\lambda, i_{\text{s}})$ 和地表波谱反射率 $\rho_{\text{H}}(\lambda)$。在一定大气条件下，程辐射和大气透过率通过山区辐射传输模型获得。太阳波谱辐照度是大气参数和地形参数的函数，其基本模拟算法与宽波段太阳短波辐射相似（详见 3.1 节）。最后一个输入参数就是地表谱反射率，其由地物分类图、地物波谱库和传感器波谱相应函数 SRF 共同决定。

### 2. 模拟影像地形校正

遥感影像地形校正是遥感影像模拟的相反过程，所有中间参数在两个模型中是相同的，如大气参数、坡地入射的太阳短波辐射及各种地形因子。唯一不同的是，输入输出项在两个模型中刚好相反。在遥感影像模拟中，地表谱反射率是输入项，TOA 辐射亮度是模型输出项。而在遥感影像地形校正中，模型输入项是辐射亮度，地表谱反射率是输出项，即

$$\rho_H(\lambda) = \pi L(\lambda)/E(\lambda, i_s) = \frac{\pi(L_{TOP}(\lambda) - L_p(\lambda))}{[T(\lambda, i_v)E(\lambda, i_s)]} \tag{4.34}$$

## 4.4.2 DEM 在地形校正中的尺度效应

### 1. 模拟影像

首先，基于大野口流域 5m DEM 数据、土地利用分类图（图4.24）、TM 波谱响应函数

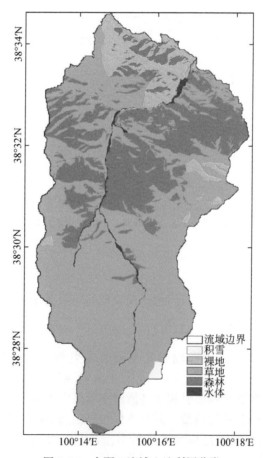

图 4.24　大野口流域土地利用分类

（SRF）和地表谱反射率等模型输入数据（表 4.3），通过山地辐射传输方程（Li et al.，2002）获得 2009 年 8 月 11 日 Landsat5 TM 过境时刻 4 种不同分辨率的模式遥感影像。为了简化计算，4 种分辨率模拟影像的波谱响应函数均来自 TM 传感器的 SRF，图 4.25 为 30m 分辨率的模拟影像。

表 4.3　几种典型地物波谱反射率

| 土地利用类型 | 波段 1 | 波段 2 | 波段 3 | 波段 4 | 波段 5 | 波段 7 |
| --- | --- | --- | --- | --- | --- | --- |
| 水体 | 0.04 | 0.03 | 0.02 | 0.01 | 0 | 0 |
| 裸地 | 0.06 | 0.20 | 0.29 | 0.37 | 0.51 | 0.41 |
| 森林 | 0.06 | 0.08 | 0.05 | 0.51 | 0.24 | 0.11 |
| 草地 | 0.05 | 0.09 | 0.06 | 0.48 | 0.30 | 0.16 |
| 居民地 | 0.29 | 0.34 | 0.36 | 0.37 | 0.33 | 0.31 |
| 积雪 | 0.98 | 0.97 | 0.94 | 0.86 | 0.03 | 0.03 |

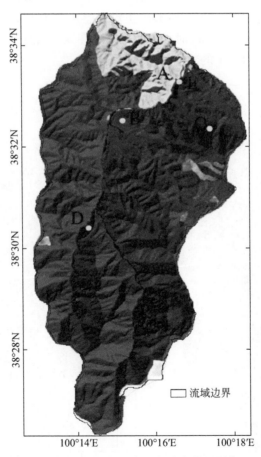

图 4.25　大气顶 Landsat TM 标准假彩色模拟影像（30m）

由于研究区面积比较小，各像元之间的大气参数相似。但是从图4.25可以看出，所模拟的Landsat TM影像辐射亮度值呈现与局部地形坡度、坡向等地形因子有关的空间变化，比如南坡亮度值较大，北坡影像亮度值较小。因此，为了利用遥感影像反演地表反射率等地表参数，必须对具有地形起伏的模拟影像进行地形校正，去除地形遮蔽、坡度、坡向等地形效应的影响，从而获得地表真实反射率。

### 2. 模拟影像地形校正

基于5~500m的6种DEM数据，分别对30m Landsat TM模拟影像进行地形校正，得到地表真实反射率影像，如图4.26所示。可以看出，利用5m DEM进行地形校正后的反射率影像（图4.26（a））完全去除了地形影响，即反演后的地表反射率只反映了地表土地利用类型的变化。然而，如图4.26（d）所示，随着DEM空间分辨率的降低，对模拟影像进行地形校正后的地表反射率图像中，山脊、山谷等地形起伏特征逐渐清晰可见，尤其是当DEM格网尺寸大于90m时，地形特征尤为明显。实验进一步证明，由空间分辨率低于5m DEM进行地形校正后所反演的地表参数，因受地形效应影响仍然产生扭曲现象。随着DEM空间尺度的进一步增加，地形校正对遥感影像地形效应的剔除能力越来越小。尤其当DEM空间尺度增大到500m时，与模拟影像图4.25相比，地形校正后的地表反射率影像（图4.26（f））对地形的效应几乎没有消除。

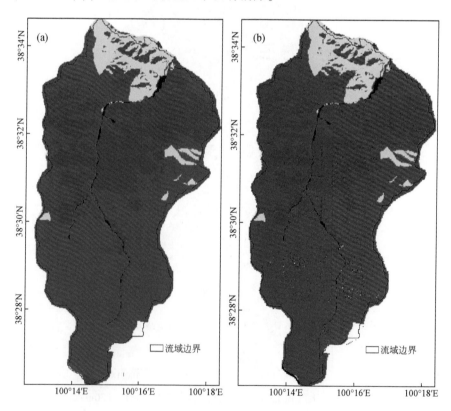

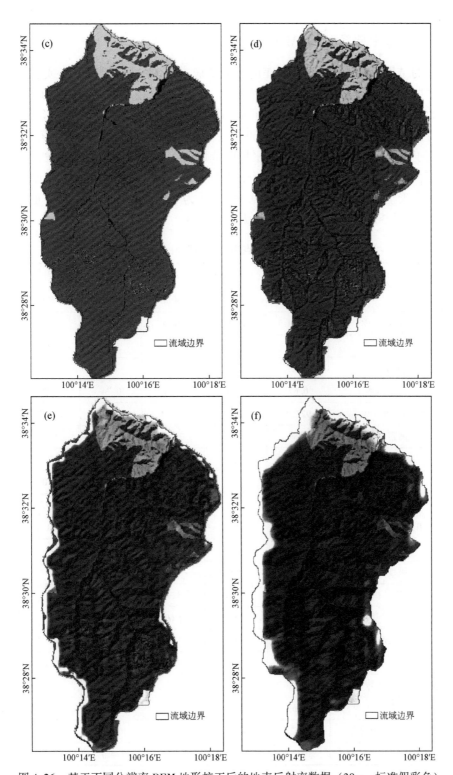

图 4.26 基于不同分辨率 DEM 地形校正后的地表反射率数据（30m，标准假彩色）

（a）5m DEM；（b）10m DEM；（c）30m DEM；（d）90m DEM；（e）250m DEM；（f）500m DEM

### 3. 高程和地形因子随 DEM 尺度变化特征

从上面的结果不难看出，地形校正的尺度效应来自 DEM 空间尺度（或空间分辨率）。究其根源主要是 DEM 空间尺度的不同使得每个像元高程和地形因子发生了变化。而且，这种尺度效用会随着地形自身特征的不同而不同，因此在 30m 模拟遥感影像中，选择处于不同地形特征的 A、B、C、D 和 E 位置点进一步分析。5 个点具体分布位置如图 4.25 所示，A 点位于南坡裸地；B 点位于相对平坦的草地；C 点与 D 点均位于阴坡，但 C 点经常被地形遮蔽；E 点位于平坦水面上。这些 5 个地形点在 6 个不同空间尺度 DEM 中的高程、坡度、坡向、天空可视因子等地形特征见表 4.4。为了便于比较，表格同时也列出不同分辨率 DEM 反演的 30m 尺度下地表接收的太阳辐照度。

**表 4.4　5 个典型地物点高程及地形因子空间尺度效应**

| 典型地物 | 地形因子 | 从 5-500m DEM 尺度上获得 30m 尺度各地形因子 | | | | | |
|---|---|---|---|---|---|---|---|
| | | 5m | 10m | 30m | 90m | 250m | 500m |
| A | 高程（m） | 2709 | 2710 | 2709 | 2709 | 2708 | 2686 |
| | 坡度（°） | 30 | 32 | 30 | 18 | 7 | 0 |
| | 坡向（°） | 121 | 126 | 121 | 102 | 93 | 102 |
| | 天空可视因子 | 0.67 | 0.67 | 0.67 | 0.74 | 0.75 | 0.52 |
| | 太阳辐照度（W/m²） | 973.9 | 972.3 | 966.3 | 917.0 | 863.7 | 821.8 |
| B | 高程（m） | 2784 | 2784 | 2784 | 2782 | 2771 | 2762 |
| | 坡度（°） | 4 | 3 | 4 | 7 | 7 | 6 |
| | 坡向（°） | 295 | 289 | 295 | 272 | 170 | 96 |
| | 天空可视因子 | 0.80 | 0.79 | 0.80 | 0.80 | 0.75 | 0.55 |
| | 太阳辐照度（W/m²） | 799.8 | 798.2 | 787.7 | 772.0 | 870.8 | 859.5 |
| C | 高程（m） | 3195 | 3194 | 3195 | 3195 | 3194 | 3194 |
| | 坡度（°） | 39 | 50 | 39 | 37 | 35 | 26 |
| | 坡向（°） | 329 | 337 | 329 | 333 | 6 | 333 |
| | 天空可视因子 | 0.69 | 0.68 | 0.69 | 0.75 | 0.70 | 0.72 |
| | 太阳辐照度（W/m²） | 75.6 | 153.5 | 317.9 | 355.6 | 479.7 | 520.0 |
| D | 高程（m） | 3098 | 3095 | 3098 | 3098 | 3106 | 3076 |
| | 坡度（°） | 41 | 45 | 41 | 31 | 19 | 7 |
| | 坡向（°） | 325 | 324 | 325 | 61 | 27 | 0 |
| | 天空可视因子 | 0.62 | 0.62 | 0.62 | 0.71 | 0.75 | 0.61 |
| | 太阳辐照度（W/m²） | 197.0 | 214.5 | 280.9 | 774.7 | 722.3 | 770.6 |

| 典型地物 | 地形因子 | 从5~500m DEM尺度上获得30m尺度各地形因子 | | | | | |
|---|---|---|---|---|---|---|---|
| | | 5m | 10m | 30m | 90m | 250m | 500m |
| E | 高程（m） | 2670 | 2670 | 2670 | 2667 | 2657 | 2667 |
| | 坡度（°） | 0 | 0 | 0 | 0 | 0 | 0 |
| | 坡向（°） | 360 | 360 | 360 | 176 | 64 | 126 |
| | 天空可视因子 | 0.71 | 0.71 | 0.71 | 0.75 | 0.69 | 0.52 |
| | 太阳辐照度（W/m²） | 823.0 | 823.0 | 823.0 | 823.0 | 822.8 | 821.8 |

结果表明，地表高程和各类地形因子随 DEM 空间尺度而变化。一般情况下，高程、坡度和天空可视因子随 DEM 空间尺度变化的转换规律比较简单，但坡向更易受周围地形的影响，其尺度转换规律较为复杂。坡度随 DEM 空间尺度的增大（从 5m 到 500m）而整体呈降低趋势；在山脊区域，高程随 DEM 空间尺度的增大而降低，但在山谷地段或洼地，地表高程则随着空间尺度的增大而增加，即空间分辨率低的 DEM 数据对山区地表高程变化具有"削峰填谷"的效应；天空可视因子则随 DEM 空间尺度增大而增大。然而，这些规律也会由于 DEM 及地形因子空间采样产生一些异常（Liu et al.，2012）。每个像元接收的太阳波谱辐照度是 DEM 和地形因子的综合结果（Chen et al.，2012），其尺度空间变化规律更加复杂，直接影响地形校正效果。

## 4.4.3 尺度效应可靠性验证

从目视结果来看，5m 空间分辨率 DEM 消除遥感影像地形效应的效果最好，因此，可将 5m DEM 校正后的地表反射率波谱曲线认为是该像元对应地表的反射率波谱曲线真值。10m DEM 消除地形效果稍差一些，而 500m DEM 去除地形效应的效果最差。为了深入分析不同 DEM 空间分辨率在遥感影像地形校正中的空间尺度效应，图 4.27 特别选择了基于 6 种空间尺度 DEM 数据对 30m 尺度的 Landsat TM 模拟影像地形校正，分析 4 种典型地物点 A~D 的谱反射率曲线。

图 4.27（a）表明，位于南坡裸地的 A 点，对模拟遥感影像进行地形校正后的地表反射率波谱曲线整体上随 DEM 空间尺度的增加而增加。地形校正后获得的地表光谱反射率与模拟影像中输入的反射率（真值）相比，利用小于或等于 30m 格网尺寸 DEM 数据，对遥感影像进行地形校正后的反射率能够真实地反映地表反射特征。但随着 DEM 空间尺度的增加，该处地表反射率出现了高估现象，格网尺寸越大，地表反射率高估越明显。对于较平坦的 B 点而言，当 DEM 格网尺寸小于 90m 时，校正后的地表反射波谱曲线基本不随 DEM 空间尺度的变化而变化，但当 DEM 格网尺寸进一步增加为 250m 或 500m 时，地表反射率开始有明显的低估（图 4.27（b））。在相对平坦区域遥感影像上，对遥感影像进行地形校正的结果受 DEM 空间分辨率依赖性较弱。地处阴坡的 C 点和 D 点，地形校正后的地表反射率都比真值低，且地表反射率低估程度随 DEM 空间尺度的增大而

增大。图 4.27（c）也反映出，通常处于遮蔽状态（5m DEM）的 C 点，地表反射率波谱曲线对 DEM 的尺度变化更加敏感，利用大于 30m 空间尺度的 DEM 数据校正后的影像基本不能恢复地表真实信息。

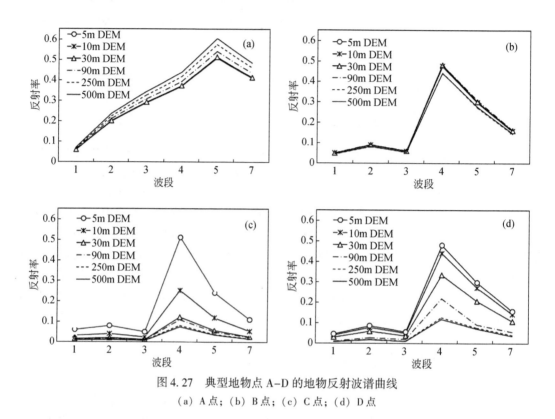

图 4.27　典型地物点 A–D 的地物反射波谱曲线
（a）A 点；（b）B 点；（c）C 点；（d）D 点

## 4.4.4　尺度效应结论与讨论

从以上的分析可以得出如下结论：遥感影像地形校正对 DEM 空间分辨率的依赖本质上是由研究区地形自身的空间异质性决定的。在开阔平坦或者坡度平缓变化区域，DEM 空间分辨率变化对遥感影像地形的影响比较小；局部地形越复杂，地形校正结果对 DEM 尺度依赖性越强。总体讲，在阴坡存在反射率低估现象，即地形校正后的地表谱反射率小于实际地表谱反射率，且地形越破碎，低估程度越大；但在阳坡，存在地表反射率高估的现象。其本质在于复杂地区区，坡地实际入射的太阳辐照度精确计算对 DEM 及地形因子具有强烈依赖性。地形越平坦，这种依赖关系越小，反之，依赖性越强。

同理，利用 6 个尺度的 DEM 数据及其地形因子，对其他 3 种空间分辨率的模拟遥感影像分别进行地形校正，结果发现，对这 3 种空间分辨率的模拟影像进行地形校正后的结果与对 30m 模拟影像校正结果相似，地形校正对 DEM 空间尺度依赖规律也类似。为了进一步说明各模拟影像对 DEM 尺度的依赖关系，分别利用 6 种分辨率 DEM 数据对 4 种尺度

Landsat TM 模拟影像进行地形校正，计算反演后的地表反射率均方根误差 RMSD。

图4.28 反映了4种尺度 Landsat TM 模拟影像的第4波段地表反射率反演结果的 RMSD 随 DEM 空间尺度变化情况。从图中可以看出，一般而言，高分辨率遥感影像反演的地表反射率具有较高的可靠性（如 30m 空间分辨率遥感影像），且 DEM 空间分辨率越高，地表反射率反演精度越高，反之亦然。换句话说，在高分辨率遥感影像上，地表反射率反演精度强烈地依赖于 DEM 空间分辨率。而基于低分辨率遥感影像反演的地表反射率精度较低，地形校正对 DEM 尺度的敏感性较低，尤其是 500m 遥感影像。当 DEM 空间尺度大于 30m 时，地表反射率反演精度对 DEM 敏感性较低。从图4.28 地表反射率波谱曲线拐点可以看出，对于 30m 遥感影像地形校正，DEM 格网尺寸最好选择小于 10m 的 DEM，而对 90m 及以上空间尺度的遥感影像，选择 30m 空间分辨率的 DEM 进行地形校正完全能满足要求。

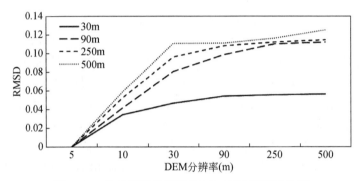

图4.28　地表反射率反演对 DEM 尺度敏感性分析

本节实验进一步证实，在遥感影像地形校正中需要高分辨率 DEM 数据，尤其是对于地形非常崎岖的山区。地形越复杂，高精度地表参数遥感反演对高分辨率 DEM 依赖性更高。在高分辨率 DEM 辅助下，各地形因子应该在小于遥感影像像元尺寸的子像元中进行求取，即 DEM 格网尺寸及各地形因子像元尺寸必须小于影像像元尺寸。该实验结论对遥感影像地形校正中 DEM 尺度的选择具有重要的意义。

同时，该实验也存在一些不足：①低分辨率模拟影像由 5m 模拟影像通过三次卷积函数获得，在模拟影像中没有使用传感器点扩散函数；②该实验的山区辐射传输模型进行了朗伯体假设，忽略了地表 BRDF 特性，因此，地形校正模型仅考虑了地形引起地表辐照度条件的改变，忽略了地形对传感器观测角的影响；③在遥感影像地形校正中，还没有真正发挥高分辨率 DEM 的作用，对于小于遥感影像像素尺寸的 DEM 数据根据三次卷积函数方法转换成影像像素尺寸下的各地形因子，没有基于子像元尺度 DEM 数据计算地形因子，没有真正发挥子像元尺度 DEM 数据对目标像元的贡献；④地形校正模型中也没有考虑目标像元内部由地形引起的多次散射作用。总之，以上这些不足将成为下一步研究的主要目标，以期提高遥感影像地形校正效果，真实再现山区地表信息。

# 4.5 小　结

对光学遥感影像进行地形标准化是山区地表反照率高精度反演的关键。地形因子和大气环境差异往往导致具有相似土地覆盖、生物物理或结构特性像素的辐射亮度值产生较大差异，从而扭曲了地表特性。对遥感影像进行大气校正已经引起了广泛的关注。但是，除了大气因子外，坡度、坡向、地形遮蔽等地形效应严重扭曲了地表的光谱特征。面向太阳的斜坡将获得更多的辐射，并且看起来比背向太阳的斜坡更亮。由于地形影响，不仅地形产生的辐射照度不同，而且地表反射到卫星传感器的能量比例也随着太阳-地表-传感器几何因素的变化而变化。

本章在前人研究基础上提出了一种基于高分辨率 DEM 数据及 MODIS 产品的遥感影像地形标准化的方法。经过对 Landsat TM 遥感影像进行同步大气校正与地形校正，有效地去除了大气和地形效应，获得山区地表真实波谱反射率。

然而，研究表明遥感影像地形效应去除效果并不理想，主要因素有以下几个方面：一是 TM 影像过境时刻大气参数存在误差，由于 MODIS 大气光学产品的不确定性以及空间分辨率较低的特点，还不能确切地描述过境时刻遥感影像像元尺度的大气参数。二是坡元接收的太阳短波辐射精确估算较为困难，地形崎岖的山区太阳短波辐射空间异质性异常强烈，如何精确估算复杂地表太阳短波辐射一直是人们研究的热点与难点，尤其对于散射辐射与周围地形的反射辐射。因其复杂性，计算模型做了众多假设。三是遥感影像地形校正受地表各向异性反射特性的影响，尽管本算法考虑了地表 BRDF 特性，但是对于各向同性散射辐射和周围地形反射辐射仍然假定地表为朗伯体，必然带来一定的估算误差。地形校正的不确定性因素也会受 DEM 低空间分辨率的影响，该基础数据将使得阴坡或阳坡像元处的地表辐射能量估算存在误差。Richter（1998）曾指出，用于进行地形校正的 DEM 格网尺寸应该是遥感影像像元的四分之一左右，而用于 MBBA 地形校正的 DEM 格网尺度与影像格网尺寸相同，均为 30m。因此，如何借助更高分辨率 DEM，如 5m、10m 等格网间距 DEM 数据，在地形校正中更好地发挥作用等成为下一步研究重点。

显然，DEM 空间分辨率成为遥感影像地形效应去除效果好坏的重要指标。4.4 节基于模拟 Landsat TM 影像数据，探索不同空间分辨率 DEM 数据对其进行地形校正效果的影响。进一步证实，为了有效去除遥感影像地形效应必须利用高于影像空间分辨率的 DEM 数据进行地形校正处理。同时，地形效应去除的实际效果还依赖于地形自身的复杂性和空间异质性，地形越破碎，对 DEM 空间分辨率要求越高，而地形越平坦，对 DEM 空间分辨率要求越低。

## 参 考 文 献

李小文. 1989. 地物的二向性反射和方向谱特征. 环境遥感, 4（1）：67-72.

李小文, 王绵地. 1995. 植被光学遥感模型与植被结构参数化. 北京：科学出版社.

梁顺林, 李小文, 王锦地, 等. 2013. 定量遥感理念与算法. 北京：科学出版社.

梁顺林. 2009. 定量遥感. 范文捷, 等, 译. 北京: 科学出版社.

闻建光. 2008. 复杂地形条件下地表 BRDF/反照率遥感反演与尺度效应研究. 北京: 中国科学院研究生院博士学位论文.

Chen L, Yan G, Wang T, et al. 2012. Estimation of surface shortwave radiation components under all sky conditions: Modeling and sensitivity analysis. Remote Sensing of Environment, 123: 457-469.

Cooley T, Anderson G P, Felde G W, et al. 2002. FLAASH, a MODTRAN4- based atmospheric correction algorithm, its application and validation. IEEE International Geoscience & Remote Sensing Symposium, 1414-1418.

Hay J E. 1983. Solar energy system design: The impact of mesoscale variations in solar radiation. Atmosphere-Ocean, 21 (2): 138-157.

Hu B, Lucht W, Strahler A H. 1999. The interrelationship of atmospheric correction of reflectances and surface BRDF retrieval: A sensitivity study. Geoscience and Remote Sensing, IEEE Transactions on, 37 (2): 724-738.

Kaufman Y J, Gitelson A, Karnieli A, et al. 1994. Size distribution and scattering phase function of aerosol particles retrieved from sky brightness measurements. Journal of Geophysical Research: Atmospheres, 99 (D5): 10341-10356.

Leckner B. 1978. The spectral distribution of solar radiation at the earth´s surface—elements of a model. Solar energy, 20 (2): 143-150.

Li F, Jupp D L, Reddy S, et al. 2010. An evaluation of the use of atmospheric and BRDF correction to standardize Landsat data. Selected Topics in Applied Earth Observations and Remote Sensing, IEEE Journal of, 3 (3): 257-270.

Li F, Jupp D L, Thankappan M, et al. 2012. A physics- based atmospheric and BRDF correction for Landsat data over mountainous terrain. Remote Sensing of Environment, 124: 756-770.

Li X, Cheng G, Chen X, et al. 1999. Modification of solar radiation model over rugged terrain. Chinese Science Bulletin, 44 (15): 1345-1349.

Li X, Koike T, Guodong C. 2002. Retrieval of snow reflectance from Landsat data in rugged terrain. Annals of Glaciology, 34 (1): 31-37.

Li X, Strahler A H. 1985. Geometric- optical modeling of a conifer forest canopy. IEEE Transactions on Geoscience and Remote Sensing, (5): 705-721.

Li X, Strahler A H. 1992. Geometric- optical bidirectional reflectance modeling of the discrete crown vegetation canopy: Effect of crown shape and mutual shadowing. Geoscience and Remote Sensing, IEEE Transactions on, 30 (2): 276-292.

Liu M, Bárdossy A, Li J, et al. 2012. GIS- based modelling of topography- induced solar radiation variability in complex terrain for data sparse region. International Journal of Geographical Information Science, 26 (7): 1281-1308.

Nicodemus F E, Richmond J C, Hsia J J, et al. 1977. Geometric Considerations and Nomenclature for Reflectance, volume NBS Monograph 160. National Bureau of Standards, Washington, DC.

Proy C, Tanre D, Deschamps P Y. 1989. Evaluation of topographic effects in remotely sensed data. Remote Sensing of Environment, 30 (1): 21-32.

Richter R. 1997. Correction of atmospheric and topographic effects for high spatial resolution satellite imagery. International Journal of Remote Sensing, 18 (5): 1099-1111.

Richter R. 1998. Correction of satellite imagery over mountainous terrain. Applied Optics, 37 (18): 4004-4015.

Ross J K, Leklem J E. 1981. The effect of dietary citrus pectin on the excretion of human fecal neutral and acid steroids and the activity of 7alpha- dehydroxylase and beta- glucuronidase. The American Journal of Clinical Nutrition, 34 (10): 2068-2077.

Roujean J L, Leroy M, Deschamps P Y. 1992. A bidirectional reflectance model of the Earth's surface for the correction of remote sensing data. Journal of Geophysical Research: Atmospheres (1984-2012), 97 (D18): 20455-20468.

Sandmeier S, Itten K I. 1997. A physically-based model to correct atmospheric and illumination effects in optical satellite data of rugged terrain. Geoscience and Remote Sensing, IEEE Transactions on, 35 (3): 708-717.

Santer R, Carrere V, Dubuisson P, et al. 1999. Atmosphericcorrection over land for MERIS. International Journal of Remote Sensing, 20 (9): 1819-1840.

Schaaf C B, Gao F, Strahler A H, et al. 2002. First operational BRDF, albedo nadir reflectance products from MODIS. Remote sensing of Environment, 83 (1): 135-148.

Schaaf C B, Li X, Strahler A H. 1994. Topographic effects on bidirectional and hemispherical reflectances calculated with a geometric- optical canopy model. Geoscience and Remote Sensing, IEEE Transactions on, 32 (6): 1186-1193.

Vermote E F, Tanré D, Deuze J L, et al. 1997. Second simulation of the satellite signal in the solar spectrum, 6S: An overview. Geoscience and Remote Sensing, IEEE Transactions on, 35 (3): 675-686.

Wen J, Liu Q, Xiao Q, et al. 2008. Modeling the land surface reflectance for optical remote sensing data in rugged terrain. Science in China Series D: Earth Sciences, 51 (8): 1169.

Woodcock C E, Collins J B, Jakabhazy V D, et al. 1997. Inversion of the Li-Strahler canopy reflectance model for mapping forest structure. Geoscience and Remote Sensing, IEEE Transactions on, 35 (2): 405-414.

Zhang Y, Li X. 2011. Topographic normalization of Landsat TM images in rugged terrain based on the high-resolution DEM derived from ASTER. Progress In Electromagnetics Research, 713.

Zhou C Y, Liu Q H, Tang Y, et al. 2009. Comparison between MODIS aerosol product C004 and C005 and e-valuation of their applicability in the north of China. Journal of Remote Sensing, 13 (5): 854-872.

# 第五章 | 山地短波净辐射时空分布特征

在较小的空间尺度上，地形因素控制着山区地表短波净辐射能量时空分布特征，大气环境削弱了到达地表太阳辐射强度与空间分布，同时地表高程也影响地面气压、水汽含量等，从而改变瑞利散射、稳定气体等大气透过率。因此，以平坦地表为条件的地表短波净辐射估算方法应用在山区便会带来较大的误差。本章在太阳短波辐射估算与遥感影像地形校正基础上，估算了晴空条件下 MODIS 上午星 Terra 过境时刻 30m 空间分辨率的大野口流域地表短波净辐射空间分布图。

## 5.1 山地短波净辐射估算

大气效应、地形效应及地表反射特性一方面影响到达山地表面的太阳短波辐射能量大小，另一方面也改变了光学卫星影像记录的辐射亮度值，扭曲了地表特征。因此，需要利用山地辐射传输模型获得太阳短波辐射，需要对遥感影像进行地形标准化处理后获得地表真实反照率，最后才能计算得到崎岖山地短波净辐射能量。

### 5.1.1 山地短波净辐射估算策略

地表短波净辐射由太阳短波辐射和地表反照率共同决定。首先利用山区辐射传输模型，分别独立估算太阳短波总辐射和地表反照率两个分量，然后代入辐射能量平衡公式（式（1.1）），获得地表短波净辐射。

研究表明，地表高程和各种地形因子随 DEM 空间分辨率不同而改变，基于不同分辨率 DEM 数据可得到不同地形校正效果，且这种空间尺度效应随地形自身异质性变化。对于高分辨率遥感影像而言，DEM 空间分辨率越高，去除遥感影像地形效应越理想。4.4 节表明，基于子像元尺度 DEM 数据获得的地形因子，能更精确地描述地形遮蔽等局地地形因子，因此更加有效地去除模拟遥感影像地形效应。那么，基于子像元尺度 DEM 数据及地形因子对实际遥感影像地形校正结果将怎样呢？为了回答这个问题，首先分别利用 30m 和 5m 空间分辨率 DEM 数据，利用 4.3 节地形标准化方法对 Landsat TM 影像进行校正处理，然后探讨与论证 DEM 数据对地形效应去除效果。最终选择一种更有效的地形校正方法，获得地表波谱反射率，经过窄波段至宽波段转换，反演得到地表反照率。而太阳短波辐射估算依然基于像元尺度进行，最后得到复杂地形区短波净辐射值。

## 5.1.2 基于子像元尺度的地形标准化

为了比较像元尺度（30m）和子像元尺度（5m）DEM 数据对实际遥感影像地形校正效果，首先利用 4.3 节模型方法对 Landsat TM 影像进行大气校正，然后分别基于两种DEM 数据对分别对大气校正后的各波段数据进行地形校正，如图 5.1 所示。可以看出，地形校正后的遥感影像均去除了大部分地形影响，提高了阴坡地物亮度，恢复了被地形遮挡区域的地物信息。比较两幅图不难看出，利用子像元 DEM 及地形因子进行地形校正后的影像去除地形效果更加理想，地形起伏感大大减弱，如图 5.1 中的 A 和 B 区域所示。然而仔细分析发现，图 5.1（b）中出现了很多亮点噪声，使得影像亮度连续性变差。放大后的图 5.2 更加清晰地描述了基于两个尺度 DEM 数据的地形校正效果。显然，基于 5m DEM数据进行地形校正后的影像上（如 A 和 B 两个区域），地形更加平坦化，但是同时也带来了很多亮点噪声。

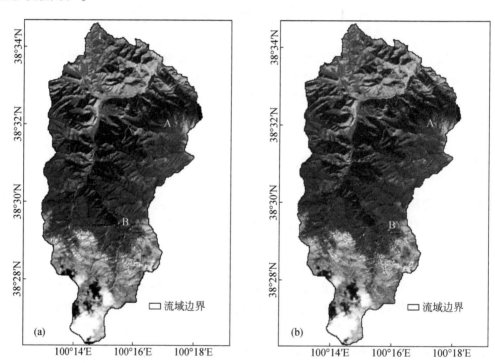

图 5.1　TM 影像地形校正（标准假彩色影像）

(a) 30m DEM；(b) 5m DEM

其原因在于，目前的地形校正方法基本上都是在遥感影像的像元尺度进行的，即对30m TM 影像进行校正的 DEM 数据必须重采样为 30m 空间分辨率，然后才能对 TM 影像进行地形校正。那么，利用子像元尺度（5m）DEM 上获得的各地形因子还必须通过空间插值（三次卷积法）的方法重采样至 30m 的像元尺度。在这个过程中，必然会产生

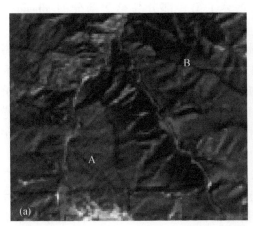

图 5.2　地形校正放大影像

(a) 30m DEM；(b) 5m DEM

一些跳跃点，即噪声点，地形越复杂，这种噪声点越多。然而，这种基于子像元 DEM 数据进行地形校正后出现的噪声，为什么在 4.4 节中的模拟影像上没有找到呢？分析发现，4.4 节各尺度的模拟影像也都是以 5m DEM 数据为基础获得的模拟影像重采样而来的，在模拟影像生产和对模拟影像进行地形校正过程中，同样尺度下的重采样抵消了这种噪声。

以上研究表明，基于子像元尺度 DEM 和地形因子能够提高遥感影像地形校正的能力，但是仅靠这种简单的重采样或聚合（平均）的方法效果不佳。必须进一步深入研究基于子像元尺度的地形校正研究。由于基于像元尺度的地形校正结果较为稳定，为了减少校正后影像上的噪声，本章选择 30m 尺度的像元尺度 DEM 数据对 TM 影像进行地形校正处理。

## 5.1.3　窄波段至宽波段反照率转换

由于多光谱影像不仅录了地表特征，同时包含着卫星过境时刻的大气状况信息，因此成为地表反照率反演的重要数据源。然而，多波段卫星遥感数据大多是在分离的、波段较窄的不连续波长区域测量的，而地面反照率是包括所有短波范围（一般 0.3-3μm）的积分，必须将以上所得到的各窄带反照率转化为宽带反照率。由于多波谱段是由多个较窄波段的不连续波长区域组成，因此需要波段转换系数，将窄波段谱反照率向宽波段进行转换从而获得地表宽波段反照率。

Greuell 等（2002）认为，如果卫星传感器的窄波段完全覆盖了整个短波宽波段（如 0.3-3μm）范围，那么可通过窄波段至宽波段转换，获得地表宽波段反照率。然而，一般来说，卫星波段往往只覆盖宽波段的一小部分。Duguay 和 Ledrew（1992）利用积雪波谱反照率曲线解决了这个问题。用高于或低于固定波谱反照率将宽波段分为 4 部分：0.28-0.725μm，0.725-1μm，1-1.4μm，1.4-6μm。TM 波段 2、4、7 被认为代表了第 1、2、4

部分，TM 在第 3 部分没有波段，因此他们估算了第 3 部分与第 2 部分的 albedo 比率为 0.63。

目前，模型模拟是波谱反照率向宽波段反照率转换通用公式的重要方法。梁顺林（2009）选取了有代表性的 256 种地表反射率光谱，考虑各传感器光谱响应函数及 11 种大气能见度值等模拟数据库，利用回归分析法获得了 ALI、ASTER、AVHRR、GOES、Landsat TM（Landsat 4/5）、MISR、MODIS、POLDER 及 VEGETATION 等 9 种卫星传感器的通用转换公式，验证结果表明，其不确定性为 0.02。其中，发展的 Landsat TM 窄波段至宽波段转换公式为

$$\alpha = 0.356\alpha_1 + 0.13\alpha_3 + 0.373\alpha_4 + 0.085\alpha_5 + 0.072\alpha_7 - 0.0018 \qquad (5.1)$$

式中，$\alpha$ 表示反照率；$\alpha_1$、$\alpha_3$、$\alpha_4$、$\alpha_5$ 和 $\alpha_7$ 分别表示 TM 波段 1、3、4、5 和 7 的反射率。

Knap 等（1999）考虑到积雪和薄冰的反射特征，针对 Landsat TM 图像提出了窄波段至宽波段的转换公式，具体转换公式见 5.3 节表 5.8。

## 5.2  山地短波净辐射时空分布特征

### 5.2.1  数据源

地表短波净辐射估算数据源包括 4 类：MODIS 大气产品和核系数产品、用于估算地表反照率的 TM 影像、两种尺度 DEM 数据和用于结果验证的地面观测资料。由于研究基于晴空条件下进行，需要综合晴空气象资料和卫星遥感数据的可获取性，选择除 DEM 以外的其他三种数据源。

为此，本研究选择三个时相的 Landsat TM，并结合与 TM 数据获取时间间隔不能超过 10 天的原则，选择了相应的 MODIS 产品与气象站观测资料。尽管 MODIS 在研究区白天两次过境，但考虑到下午星 Aqua（平均 13：30 左右过境）距离 Landsat 5 卫星在张掖地区过境时刻（平均上午 11：30）较远，同时兼顾山区地表反照率随时间变化较大的特点，因此本研究选择 MODIS 上午星 Terra 大气产品估算地表总太阳短波辐射。同时，选择对应于 Terra 过境时刻的站点观测值进行地面验证。最终选择了 9 个时相两个站点 18 个晴空资料进行验证，TM 影像、MODIS 大气产品与地面站观测数据详细日期见表 5.1。

表 5.1  两个观测站 18 个晴空数据

| Landsat TM 时相 | MODIS（Terra）与气象站观测（关滩森林站与马莲滩草地站） |
|---|---|
| 2008-05-04 | 2008 年 8 个（05-03，05-04，05-10，05-12） |
| 2009-06-24 | 2009 年 6 个（06-14，06-17，06-20） |
| 2009-09-28 | 2009 年 4 个（09-22，09-28） |

## 5.2.2 地表短波净辐射

### 1. 地表反照率

对于山区地表反照率遥感反演，可分为两个关键：第一是遥感影像地形标准化，即对大气影响和地形影响同步进行校正，获得地表真实光谱反射率；第二步是窄波段反照率至宽波段反照率的转化。基于像元尺度 DEM 数据对遥感影像进行大气与地形校正后，将山地坡面反射率转换为平坦地表反射率。对于高分辨率遥感影像而言，可将平坦地表反射率认为是地表波谱反照率。利用 Liang 等（2001）发展的 Landsat TM 窄波段至宽波段转换公式（式（5.1）），将地形校正后的谱反射率转换为像元尺度宽波段地表真实反照率 albedo。

图 5.3 为 2008 年 5 月 4 日、2009 年 6 月 24 日和 2009 年 9 月 28 日三个时相原始影像标准假彩色影像，图 5.4 为三个对应时相的反照率反演结果。从 5.3 图中可以看出，研究区地表反照率空间分布异质性较强，地表反照率随地表覆盖类型而变化。水体反照率最小，在 0.02 左右，平坦地表草地反照率在 0.22 左右，长势好的阳坡上，有时会高达0.31。地表裸露区域反照率较高，为 0.26 左右，裸岩更高，甚至达到 0.43。但是林地反照率变化较大，其值在 0.04-0.2 变化，主要受林地类型、林地所处坡度坡向、林地长势与稀疏程度等影响。雪的反照率最高，在 0.88 左右，但其大小也因地形引起的积雪厚度的不同而存在差异。

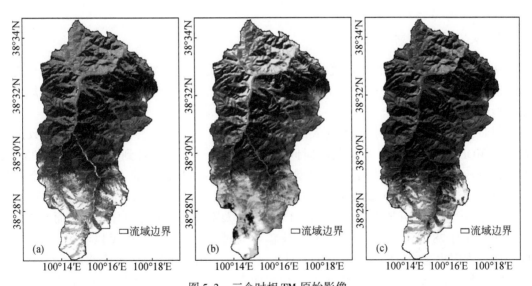

图 5.3　三个时相 TM 原始影像

（a）2008-05-04；（b）2009-06-24；（c）2009-09-28

同时，从三个不同时相的反照率空间分布图不难发现，地表反照率随时间而迅速发生变化。总体而言，2009年9月28日地表反照率最小，6月份反照率最高。不过，在南部地区三个时相上反照率均很高。对比三个时相原始影像（图5.3）可以得到这种反照率时相变化的答案。图5.4（a）和（c）反照率偏高的原因在于2008年5月4日和2009年9月28日两个时相均有积雪覆盖，而2009年6月24日TM影像获取时刻南部由于云的存在使得地表反照率迅速增加，如图5.4（b）所示。

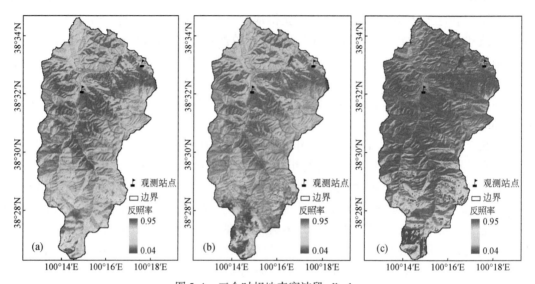

图5.4　三个时相地表宽波段albedo

（a）2008-05-04；（b）2009-06-24；（c）2009-09-28

## 2. 太阳短波辐射

从3.2节可知，研究区太阳短波辐射空间分布异质性非常强烈，其空间分布不仅受太阳天顶角变化影响，也因大气条件与地形条件的变化而改变，而地表异质性受地形局地因素影响更大。

同时，复杂地区地表接收到的太阳下行辐射随季节而变化。所选18个晴空数据涉及9个MODIS过境时相，数据获取时间范围从2008年5月3日到2009年9月28日，时间跨度较大。图5.5选择了三个典型时相的MODIS过境时刻的太阳短波辐射空间分布进行研究。图5.5（a）为2008年5月3日中午12点15分太阳短波辐射空间分布图，图5.5（b）为2009年6月20日中午11点45分太阳短波辐射空间分布图，而5.5（c）是2009年9月28日下午13点整太阳短波辐射空间分布图。从图中可以看出，一方面，同一地点太阳短波辐射随时间变化而迅速变化；另一方面，研究区地表接收到的太阳辐照度空间异质性也随时间而发生改变。相比而言，图5.5（c）所反映的太阳短波辐射空间异质性比其他两个时相的更强。

复杂山区太阳短波辐射空间异质性主要来自由地形起伏产生的太阳照射角的变化。随着时间的变化，太阳天顶角的变化也会引起同一地点实际太阳照射角的改变，从而改变太

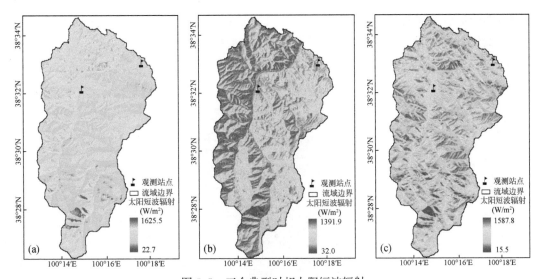

图 5.5 三个典型时相太阳短波辐射

(a) 2008-05-03；(b) 2009-06-20；(c) 2009-09-28

阳空间异质性的分布状况。图 5.6 为三个时相相应的太阳照射角空间分布图，同样可以发现坡元实际太阳照射角随时间而改变，且每个时相其空间异质性分布与图 5.5 所示的太阳短波辐射空间分布特征高度相似。

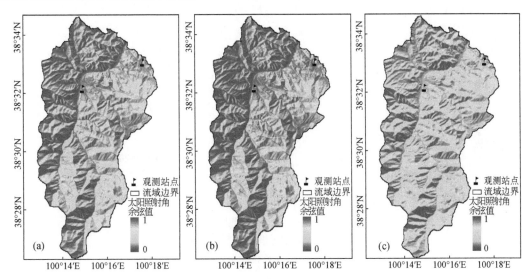

图 5.6 太阳照射角余弦值空间分布

(a) 2008-05-03；(b) 2009-06-20；(c) 2009-09-28

为了方便直观地比较太阳短波辐射在三个时相的空间变化情况，从关滩森林站（Guantan staion）出发，在关滩森林站与马莲滩草地站连线上进行太阳短波辐射剖面分析，如图 5.7 所示。在两地面气象观测站点连线上，地表辐照度随地形起伏变化较为强烈。从三个不同时相太阳短波辐射剖面图可以看出，2008 年 5 月 3 日与 2009 年 6 月 20 日，地表辐照度曲线形态及高低起伏变化强度基本一致，但2009年9月28日太阳短波辐射在该剖面线上变化更为剧烈，且形态与前两者差异较大，有些区域甚至相反。

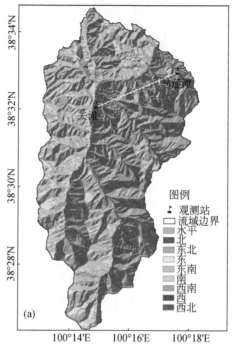

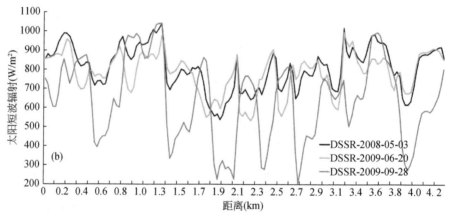

图5.7　太阳短波辐射剖面分析

（a）剖面线；（b）太阳辐射沿剖面线的变化

### 3. 地表短波净辐射

在地表反照率反演和地表接收的太阳短波辐射能量估算基础上，利用短波辐射能量平衡公式（式（1.1））进行计算，得到大野口流域MODIS过境时刻地表短波净辐射的空间分布。结果表明，地表短波净辐射不仅随空间和时间而变化，且其空间异质性也因时间和空间位置而发生变化。图5.8为三个典型时相2008年5月3日、2009年6月20日和2009

年9月28日在 MODIS Terra 卫星过境时刻的地表短波净辐射空间分布图，可以看出其空间分布状况总体与图5.5太阳短波辐射相类似。但在流域南部，这种空间分布发生了变化。在地表积雪及云覆盖区域，短波净辐射偏低。从空间异质性分布来看，除南部外，前两个时相地表短波净辐射空间分布特征基本相同。与其相应地表接收到的太阳短波辐射结果相类似，而2009年9月28日地表短波净辐射空间异质性最强。

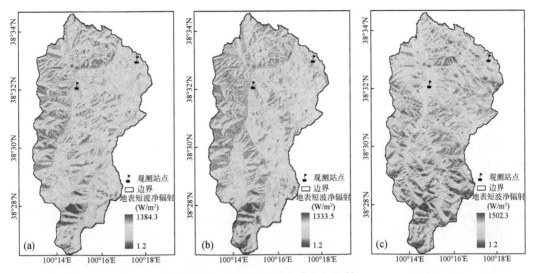

图5.8　三个时相地表短波净辐射
(a) 2008-05-03；(b) 2009-06-20；(c) 2009-09-28

同样，在连接关滩森林站与马莲滩草地站的直线上对地表短波净辐射进行剖面分析，如图5.9所示。与图5.7（b）结果相似，在两地面气象观测站点连线上地表短波净辐射变化较为剧烈。对比三个时相剖面图发现，2008年5月3日与2009年6月20日，地表短

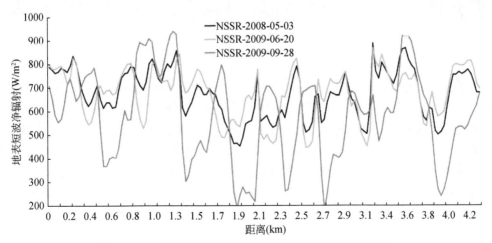

图5.9　地表短波净辐射沿两地面观测站连线的剖面分析

波净辐射曲线形态及高低起伏变化强度基本一致，但2009年9月28日的值在该剖面线上变化更为剧烈，且形态与前两者差异较大，有些区域甚至相反。

## 5.2.3 模型验证及分析

### 1. 地形校正精度验证

比较地形校正前后 TM 波段4、3、2 标准假彩色合成影像局部放大图，如图 5.10 所示，地形标准化后的影像，地形起伏产生的立体感减弱，甚至消除，地表更加平坦，如 A 点所示区域。同时提高了地形遮蔽与自我遮蔽像元亮度值，减小了阴坡与阳坡同类地物的对比度。去除地形影响后，阴影处更多地物细节信息得以显现，提高了影像信息量，如图 B 点所示区域。但是，在地形破碎区域，如 C 点所示区域，由于 DEM 空间分辨率较低，部分地形影响依然存在。

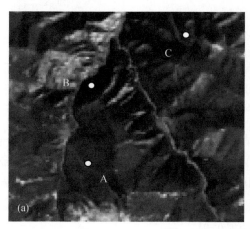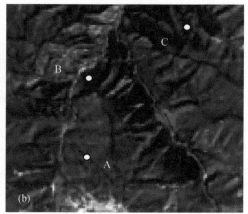

图 5.10　地形校正前后放大影像

(a) 地形校正前；(b) 地形校正后

为了进一步定量评估该算法地形校正精度，分别在 2009 年 6 月 24 日 TM 原始影像、只进行大气校正影像、基于像元尺度 DEM 和子像元尺度地形标准化影像上收集某一阴坡森林地物点 4 条波谱反射率曲线，如图 5.11 所示。结果表明，在原始影像上阴坡森林地表在蓝光波段由于受大气影响，反射率较高，但是在短波近红外 TM 4 波段反射率较低。经大气校正后，蓝波段反射率降低，第 4 波段反射率得到提高。地形标准化后，阴坡处林地反射率有较大提高。而基于子像元尺度的 DEM 数据进行校正后，地表反射率提高更明显，部分去除了地形遮蔽的影响。

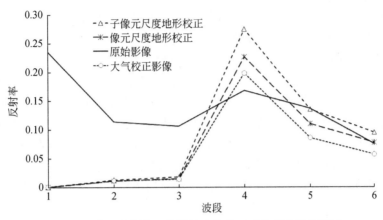

图 5.11 在 4 个影像上的阴坡森林像元反射率波谱曲线图

### 2. 地表反照率精度验证

首先，从三个时相地表反照率反演结果中提取关滩森林站与马莲滩草地站两个站点的反照率值，然后将其与两个站点地表反照率观测值与进行比较，其结果如表 5.2 所示。

表 5.2 反照率观测值与遥感反演结果对应表

| 编号 | TM 时相 | 观测站 | 地面观测反照率 | 地形校正反照率 | MBE | MBE%（%） |
|---|---|---|---|---|---|---|
| 1 | 2008-05-04 | 关滩森林站 | 0.063 | 0.075 | 0.012 | 19.1 |
| | | 马莲滩草地站 | 0.191 | 0.211 | 0.020 | 10.5 |
| 2 | 2009-06-24 | 关滩森林站 | 0.065 | 0.070 | 0.005 | 7.7 |
| | | 马莲滩草地站 | 0.168 | 0.186 | 0.018 | 10.7 |
| 3 | 2009-09-28 | 关滩森林站 | 0.055 | 0.062 | 0.007 | 12.7 |
| | | 马莲滩草地站 | 0.140 | 0.158 | 0.018 | 12.9 |

从统计表格来看，与地面观测值相比，地形校正后的地表反照率平均偏差百分比 MBE% 为 11.7%。资料表明，关滩森林站（坡度 14.2°）和马莲滩草地站（坡度 9.5°）均位于倾斜地表。关滩站辐射四分量计架设在 20m 高度处青海云杉（平均高度在 15m 左右）树林顶部，马莲滩站四分量计架设在 1.5m 高的观测塔上。与地面站点测量的太阳短波辐射值相比，由于辐射观测场内微地形的影响，被坡地反射后进入辐射计的辐射受地形影响较大。因此，我们认为两个观测站地表反照率测量值因受地形影响而偏低。

而地形标准化遥感影像反照率反演部分消除了地形影响，提高了阴坡地表反照率，其反演结果高于气象塔观测值。

同时，地表反照率遥感反演结果与地表观测值差异，除地形影响外，也存在空间尺度效应。从地面观测塔测量的地表反射的太阳短波辐射与卫星传感器观测地表反射的太阳短波辐射能量不同。从地面观测塔看地表，由于草地、林地等存在空隙，空间异质性较大，反射率较低。而由于空间尺度的不同，卫星观测的地表更均质，反射率反演结果高于前者。地面观测尺度如何能代表卫星传感器观测尺度值，取决于两点：第一，至少在像元尺度上，观测站位于均匀介质，周围地面平坦且地表覆盖类型均一；第二，如果地表本身具有空间异质性，则需要在不小于3×3像元的地面样方布设一定数量的观测点，通过多点观测获得能代表像元尺度的地面测量值，进而进行地面验证。因此，在两个站点上，地表异质性较强，仅用单点观测数据进行验证遥感影像反演的结果本身存在一定误差。

### 3. 太阳短波辐射精度验证

从3.2节太阳短波辐射结果分析来看，基于MODIS大气产品的山区辐射传输模型算法能有效地估算地表接收到的太阳短波总辐射。本研究选择的9个MODIS过境时刻的太阳短波辐射估算值与地表观测值散点图同样证明了算法的有效性。如图5.12所示，$R^2$为0.796，平均偏差MBE与平均偏差百分比MBE%分别为$-65.1W/m^2$和$-7.0\%$，均方根误差RMSD与均方根误差百分比RMSD%分别为$78.1W/m^2$和$8.4\%$。

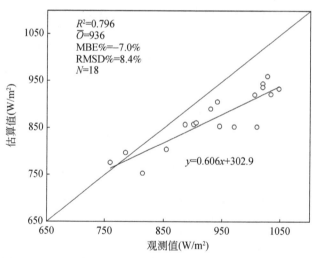

图5.12　18个晴空太阳短波辐射估算值与地表观测值散点图

### 4. 地表短波净辐射精度验证

根据9个时相MODIS过境时刻的太阳短波净辐射估算值与相应两个站点地表观测值进行比较，获得18个晴空条件下两者的散点图，如图5.13所示。从图中的统计结果可以看出，地表短波净辐射估算值与观测值较为符合，$R^2$ 为 0.756，平均偏差 MBE 与平均偏差百分比 MBE% 分别为 $-72.5\text{W/m}^2$ 和 $-8.8\%$，而均方根误差 RMSD 与均方根误差百分比 RMSD% 分别为 $84.0\text{W/m}^2$ 和 $10.1\%$。然而，与图 5.12 相比较，地表短波净辐射的估算结果精度要低于地表接收到的太阳短波辐射的估算精度，这主要是地表反照率遥感反演精度引起的。

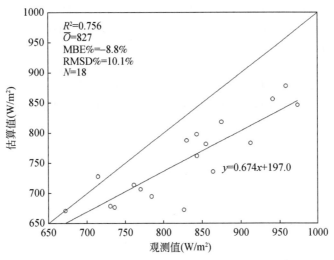

图 5.13　18 个晴空地表短波净辐射估算值与地表观测值散点图

# 5.3　小　结

太阳短波辐射和地表反照率是分项法地表短波净辐射计算的关键分量。本章在第四章和第五章研究基础上，以大野口流域为研究区获得地表短波净辐射时空分布数据。通过对地表短波净辐射模型估算结果与地面观测值进行比较发现，该山区短波净辐射估算方法精度较好，与地表观测具有较强的一致性。但是，同时发现有几个站点地表短波净辐射观测值与模型估算值差异较大。其原因主要在如下几个方面：①基于 TM 遥感影像地形校正效果仍然存在诸如过校正、地形效应依然存在等现象，降低了地表反照率反演精度；②MODIS 水汽与气溶胶产品精度以及较低的空间分辨率引起大气透过率估算误差；③MODIS BRDF 16 天合成产品引起地形校正误差，尤其对于地表类型变化较快的区域，如积雪覆盖区域；④在复杂地形山区，DEM 空间分辨率直接影响遥感影像地形校正和地表接收到的太阳短波辐射估算误差，子像元尺度高分辨率 DEM 数据能够提高精度，但是像元内子像元之间相互作用、多次散射等问题需要深入探讨。

除此之外，在地表短波净辐射地面验证中，也存在一些问题。例如，两个站点处辐射通量观测塔是按照常规气象站点的要求架设的，没有专门测定针对不同坡度和坡向的山地太阳短波辐射、地表短波净辐射值。同时，两个站点的地表反照率测量值均来自辐射通量平衡公式计算，即地表反射的太阳上行短波辐射与地表接收的太阳下行短波辐射的比值，没有利用地表多角度观测架等仪器进行专门测量，在一定程度上影响了地表 albedo 观测精度。

## 参 考 文 献

Duguay C R, Ledrew E F. 1992. Estimating surface reflectance and albedo from Landsat-5 Thematic Mapper over rugged terrain. Photogrammetric Engineering and Remote Sensing, 58: 551-558.

Greuell W, Reijmer C H, Oerlemans J. 2002. Narrowband-to-broadband albedo conversion for glacier ice and snow based on aircraft and near-surface measurements. Remote Sensing of Environment, 82 (1): 48-63.

Knap W H, Reijmer C H, Oerlemans J. 1999. Narrowband to broadband conversion of Landsat TM glacier albedos. International Journal of Remote Sensing, 20 (10): 2091-2110.

Liang S. 2001. Narrowband to broadband conversions of land surface albedo I: Algorithms. Remote Sensing of Environment, 76 (2): 213-238.

# 第六章 | 山地冰川短波净辐射估算

冰川是一种特殊的地表覆盖类型，具有反照率高、表面及周边地形复杂、冰面状况易变等特点。冰川消融与冰川表面和大气之间的能量交换密不可分，冰面能量平衡成为冰川变化的主要驱动力。然而，山地冰川短波净辐射遥感估算具有一定的挑战性，以上研究提出的用于一般地表覆盖类型的山地短波净辐射估算方法不能满足实际应用需求。因此，本章进一步发展一种估算山地冰川表面短波净辐射的方法。

针对山地冰川特殊性及其短波净辐射估算的挑战性，在数据方面，我们使用了更高分辨率 DEM，用更高分辨率的 Sentinel-2A/B 数据产品替代 MODIS 产品和 Landsat TM 数据，特别是将 Sentinel-2 水汽与气溶胶产品作为模型输入参数，估算山地冰川表面太阳短波辐射。在反照率估算方面，通过对比分析 7 种常用于冰/雪窄波段至宽波段反照率转换公式，获得一种适合冰川表面反照率的转换模型。

我们以祁连山老虎沟 12 号冰川为研究区域，基于 12.5m DEM 和 Sentinel-2 A/B 数据，计算得到 2017 年 9 月至 2018 年 8 月的 1 个冰川物质平衡年内 62 个典型时相冰川表面 10m 短波净辐射时空变化特征。实验结果表明，模型估算的冰面太阳短波辐射、冰面反照率和冰面短波净辐射与相应的站点观测数据之间具有较高的一致性。研究发现，山地冰面太阳短波辐射、冰面反照率和冰面短波净辐射的空间异质性均与冰面微地形状况存在较强相关性，冰川上布设的少数单点测量值不能代表整个山地冰川能量分布状况。本章发展的方法能够获得时空分布的冰川表面短波净辐射，且不依赖于站点观测数据，可为人类难以达到的山地冰川能量平衡研究、冰川消融及冰川物质平衡等研究提供可靠的基础数据。

## 6.1 山地冰川短波净辐射挑战与研究进展

冰川是全球气候变化的重要"指示器"（IPCC，2013），冰川表面短波净辐射是指冰川表面接收的太阳短波辐射与冰/雪面向上反射的短波辐射之差。冰川表面短波净辐射是冰川消融的重要能量源，反映了冰雪吸收太阳短波辐射的能力，影响着冰川能量传递、山地生态系统、区域融雪径流、雪灾监测与预警等活动。对大多数冰川而言，直接进入冰川进行站点观测比较困难。同时，山地冰川表面短波净辐射空间异质性非常强，有限的站点测量数据不具有代表性，不能全面反映整个冰川上的太阳短波辐射和冰雪表面 albedo 空间分布特征，最终不能估算冰川 NSSR 变化特征。

### 6.1.1  山地冰川短波净辐射的特殊性与挑战

冰川的反照率通常较高、冰面特性对时间变化较快、冰川表面及周边地形起伏较大。因此，较之一般的山地短波辐射研究，山地冰川波段辐射估算更具特殊性与挑战性，主要体现在以下三个方面。

（1）首先，冰川反照率较高，对光学卫星遥感研究带来了困难。地表反照率控制着地表吸收太阳短波辐射的能力，在地表能量平衡中起着非常重要的作用。对于冰川而言，冰川反照率变化对冰川消融具有正反馈效应。当气温升高引起冰雪消融，将大大降低冰/雪表面反照率，冰雪表面则能够吸收更多的太阳短波辐射能量，从而加速了冰雪消融，即使冰川上小区域范围内反照率变化，也将引起冰川消融较大的空间异质性（Konzelmann and Braithwaite，1995）。

然而，辐射分辨率较低（8位）的 Landsat TM 影像对冰/雪信息具有饱和现象；山地小气候使得山地冰川气候条件复杂，然而亮地表使得 MODIS 气溶胶产品反演遇到了问题，在冰川区域该产品值通常是无效的；来自周围地形反射辐射分量对山地冰川表面接收的太阳短波辐射贡献增强，对先验制备冰川 albedo 数据提出了实时性更高要求；冰川高反照率引起的辐射能量反馈机制，对山地冰川反照率估算精度，包括光学遥感影像地形标准化、窄波段至宽波段转换等提出了更高的要求。

（2）其次，冰川表面新雪、旧雪及冰川冰等物质变化速度较快，这些冰川表面物质反射特性差异大且变化迅速，使得冰川短波净辐射能量变化较为剧烈。因此，一方面需要时间分辨率更高的卫星遥感产品获得冰川表面真实变化特征；另一方面需要时间分辨率更高的 DEM，刻画山地冰川真实的地形起伏变化特征。

（3）另外，冰川表面地形破碎且周围地形复杂，一般空间分辨率的卫星遥感产品和 DEM 数据难以满足。因此，高精度估算山地冰川短波净辐射必须获得空间分辨率更高的卫星遥感产品以及 DEM 数据。

本章利用时间更新、空间分辨率更高的 TanDEM 数据，利用空间分辨率、辐射分辨率、波谱分辨率以及时间分辨率都比 Landsat TM 更高的 Sentinel-2 A/B 卫星遥感产品，获得高时空分辨率的山地冰川短波净辐射。

### 6.1.2  山地冰川太阳短波辐射研究进展

1. 山地冰川太阳短波辐射

国内外学者研究发现，而冰川表面短波辐射 DSSR 是冰川融化的主要驱动因素（Irving，1883；Kruss and Hastenrath，1990；Mölg et al.，2008；Vastag，2009；Chen et al.，2018）。自19世纪80年代以来，一些研究人员已经注意到太阳短波辐射对冰川变化和消融的贡献（Irving，1883；Oerlemans and Knap，1998；Mölg et al.，2003；Huss et al.，2009；

Zhang et al., 2016)。对于地处崎岖山区的山地冰川，许多因素和过程都会严重影响冰川表面接收的 DSSR 空间分布。除了众所周知的太阳-冰川表面几何关系外，以下三个因素也是估算山地冰川接收的太阳短波辐射复杂性的重要组成部分：①局部地形因素，例如坡度和坡向、地形遮蔽因子、天空可视因子以及地形结构因子（Gerd and Nobuyoshi, 1974；Arnold et al., 1996, 2006；Dumont et al., 2012；Davaze et al., 2018）；②与大气中臭氧等稳定气体的吸收与散射相比，大气中的气溶胶和水汽含量对太阳短波辐射衰减影响更大（Yang et al., 2006）；③冰/雪表面特性的快速变化和雪面的高反射特征（Munro and Young, 1982；Naegeli et al., 2017）。因此，如何准确估算山冰川表面接收到的 DSSR 已成为冰川变化研究的重要内容。

山区地表接收的太阳短波辐射包括三个部分：直接辐射、散射辐射和周围反射辐射。通常，直接太阳短波辐射的能量最大，其次是散射辐射的能量，来自周围地形反射辐射的能量最少。但是，当周围地表被冰雪覆盖时，由于周围坡面的冰雪反照率高，来自周围地形反射辐射的贡献将会很大且不可忽略（Hastenrath and Patnaik, 1980；Li et al., 2002；Naegeli et al., 2017）。此外，太阳照射角、地形遮蔽因子、天空可视因子、地形结构因子等局地地形因子会极大地改变山区冰川 DSSR 空间分布。

一些研究利用冰川气象观测数据定量地评估了地形因素对冰川 DSSR 值的贡献（Arnold et al., 1996, 2006；Zhu et al., 2015）。Kruss 与其合作者连续发表了三篇论文，研究了地表在水平和倾斜表面情况下，太阳短波辐射对山地冰川气候响应的纬度效应和几何效应（Kruss and Hastenrath, 1987, 1990；Hastenrath and Kruss, 1988）。Klok 和 Oerlemans（2002）发现，如果忽略地形因素的影响，冰川每年接收到的太阳短波辐射估算将增加37%。Jiskoot 和 Mueller（2012）研究表明，地形引起太阳辐照度差异加速了晴空条件下冰川表面消融的异质性。Mölg 等（2003）指出，除了太阳短波辐射，冰川顶峰处垂直冰面或悬崖的倾斜是影响乞力马扎罗山冰川衰退的第二大主要能源。Zhu 等（2015）利用 Yang 等（2001）模型发现太阳短波辐射提供了青藏高原中部扎当冰川和帕隆藏布4号冰川60%的消融能量，且认为冰/雪反照率是露点温度的函数。然而，上述研究在以下一个或多个方面存在不足：仅考虑简单的地形因子，例如坡度等；大气透过率的估算在很大程度上依赖于地面观测数据；假定冰川反照率在大面积冰川表面是同一固定值，或者根据地面测得的冰雪特征数据代入简单的经验估算方案对冰面反照率进行计算。

## 2. 山地冰川太阳短波辐射遥感估算

山地冰川往往位于偏远的山区，严酷的自然条件使得人们难以接近冰川，即使有少量冰川被观测，也会因为冰川融化及其运动，使得冰川上架设的观测仪器不稳定，因此，通过站点观测获得冰川表面太阳短波辐射站点观测数据具有较大的挑战性。卫星遥感由于无需人类直接到达冰川，已经成为冰川监测研究的有效手段（Kääb et al., 2015, 2016）。目前有两种 DSSR 遥感方法：经验模型和理论模型。其中，经验估算模型需要构建卫星测量的辐射与地面测量之间的回归关系，而理论模型则基于辐射传递模型或参数化方案对于冰面 DSSR 进行估算。

如 6.1 节所述，山地冰川太阳短波辐射遥感估算存在挑战。因此，本节在估算山地冰川 DSSR 时，将 Sentinel-2 卫星数据替代 MODIS 和 Landsat TM，具有以下 4 方面优势：①S2能够同时提供大气和地表信息，从而减少了由不同类型卫星遥感产品引起的误差；②S2数据可以提高太阳短波辐射的时空分辨率，为冰川消融提供可靠的信息；③由于 S2 数据具有很高的辐射分辨率，几乎可以完全避免光学卫星信号因积雪饱和问题带来的估算误差；④利用官方网站提供的 S2 数据处理软件 Sen2Cor，通过用户自定义设置输出的 L2A 产品，能够有效利用 S2 本身记录的卫星过境时刻大气状况和地表电磁波信号，为 DSSR 模拟提供模型输入参数。因此，S2 可为小规模山地冰川提供更精细的研究资料（Kääb et al.，2016；Paul et al.，2016；Sola et al.，2018）。

## 6.1.3 山地冰川反照率研究进展

### 1. 山地冰川反照率

由于冰川表面受制于冰面热状况，冰/雪表面反照率的空间变化不仅与冰川表面特性、冰面消融状况有关，而且随冰面微地形起伏特征而变化。冰川冰面结构和雪面不同，颜色较暗的冰面反射率较雪面小。随着气温升高，消融量增加，雪中污化物向冰表面集中，使得冰面表面颜色变暗，使其反射率随气温降低而减小。在有污化物或碎屑沉积的部分，反照率较低；在干净的冰面或雪面上反照率相对较高。冰川上有雪的反照率大于裸露冰面的反照率，积累区反照率一般也大于消融区的反照率。洁净的冰川反照率在 0.3-0.46（Cuffey and Paterson，2010），但由于冰碛物、冰尘等物质的影响，老虎沟冰川 albedo 往往小于 0.3，甚至小于 0.1（Sun et al.，2014）。Hock（2005）认为，冰面反照率空间变化与高程有关，其 albedo 取假定值在 0.305-0.405 变化。Li 等（2019）通过冰面观测实验发现老虎沟 12 号冰川的冰尘加速了冰川消融。

康尔泗和 Ohmura（1994）在乌鲁木齐河源 1 号冰川观测发现，冰雪面在夏季每小时平均反照率最大达 0.98（新雪面），最小为 0.03（污化冰面）。研究人员发现，雪面和冰面反照率均随气温升高而减小，雪面反照率的减小幅度大，且和气温呈幂函数关系；冰面的反照率减小幅度小且与温度呈线性关系。因此，提出了用气温分别计算消融期冰面和雪面反射率的方法。但这种统计回归方法建立的冰雪面反照率模型很难广泛应用在其他地区。后来人们考虑到冰雪反照率日变化信息与温度、降雪量、密度、雪龄、云效应等参数有关，因此提出了各种经验参数法（Hock，2005；Amaral et al.，2017）。蒋熹等（2011）针对我国西部山地冰川建立了一套以气象变量（气温、降雪后日数、天空状况）为指标的山地冰川反照率参数化模型。然而，这种基于理论和物理基础的冰雪反照率等参数化模型比较复杂，要求输入的变量较多，极大地限制了冰川表面 albedo 研究的发展。

### 2. 山地冰川反照率遥感反演

由于冰雪在可见光波段的高反射和在短波红外波段的独特吸收特性，冰川在遥感影像上很容易辨识。研究人员（Knap and Oerlemans，1995；Greuell，2000；Knap et al.，1999a）利用站点观测数据或卫星影像研究了冰面反照率时空变化特征。Koelemeijer等（1993）没有考虑地表坡度校正，Knap等（1999b）考虑了地形效应，但忽略了大气影响。Arendt（1999）研究发现，忽略John Evans冰川（加拿大境内）上反照率的日变化信息（如用中午的反照率值代替其他时刻的反照率观测值），将使季节性净短波辐射量变化达16%。

同时，由于地表的各向异性，尤其是冰雪表面，不能简单地通过某一方向的观测值来计算整个半球面上的反照率，在遥感影像地形标准化校正过程中必须经过各向异性反射特性的校正步骤。Klok等（2003）利用6s模型进行大气校正，综合利用Dozier和Frew（1990）提出的天空可视因子、Richter（1998）提出的周围地形反射辐射计算方法，将获得的水平地表反射率纠正至倾斜地面上，最后考虑到冰与雪表面各向异性反射特性，引入各向反射因子BRDF，获得了实际冰面的albedo。对冰与雪的BRDF参数化不同，为了区分冰与雪，认为albedo大于0.5为积雪，小于0.5为裸冰，将超过0.95的反照率设定为0.95。冰面与雪面BRDF模型采用不同方法，从而对遥感影像获得的各向同性波谱反射率进行校正。

地表宽波段反照率由地表反射特性与大气条件共同决定，使得通过遥感数据获得普适波谱转换公式成为反照率遥感反演的难点所在。Knap等（1999a）考虑到积雪和薄冰反射特征，针对Landsat TM图像提出了窄波段至宽波段转换公式。Duguay和Ledrew（1992）则利用TM波段2、波段4和波段7建立了一个适合所有地表类型的转换公式。Klok等（2003）利用Knap等（1999a）的窄波段至宽波段转换公式得到宽波段albedo，而且当波段2饱和时常常仅利用波段4反射率数据进行转换。Naegeli等（2017）采用Liang（2001）短波窄到宽波段转换公式估算了冰面albedo，没有区分Landsat的TM/STM+/OLI三种传感器波段差异，剔除了反照率大于1和小于0.05的无效数据。

Sentinel-2卫星的A、B星提供了时间分辨率优于5d（本研究区甚至2–3d重访周期）、空间分辨率为10m、20m和60m的有关大气状况与地表特性数，而且由于辐射分辨率较高，对积雪饱和信号有了较大的改善，从而为山地冰川albedo研究带来了新机遇。

## 6.1.4 山地冰川短波净辐射研究进展

冰川的消融与冰川表面与大气之间的能量物质交换密不可分（康尔泗，1996），冰面能量平衡是冰川消融的主要驱动力。假如地表能量平衡是正的，地表将会升温，如果地表温度达到0℃，多余的能量将会导致冰面消融（Arnold et al.，2006）。一些研究表明，对于大多数冰川而言，地表短波净辐射提供了75%的融化能量（Gruell and Smeets，2001；Oerlemans and Klok，2002），尽管有些海洋性冰川可能接近50%（Oerlemeans and Knap，1998）。对于地处青藏高原的山地冰川短波净辐射往往总占冰川可用能量的80%以上（Zhu et al.，2015；Chen et al.，2018）。冰川能量平衡决定了冰川物质平衡，有些学者（Hock and Holmgren，2005；蒋熹等，2010）基于分布式能量–物质平衡模型来研究冰川物质平衡特征，其中冰川表面 NSSR 是模型关键参数之一。由此可见，精确估算冰川表面 NSSR 也是冰川变化研究的关键。因此，如何利用高时间分辨率、高空间分辨率的遥感数据全面反映山区冰川表面短波净辐射时空变化特征，成为国内外冰冻圈学者所关注的问题。

早期，Munro 和 Young（1982）提出了一种可操作的冰川表面短波净辐射估算模型，但该模型一方面没有考虑遮蔽、坡度、坡向等地形效应，另一方面也没有考虑冰面反照率的时空变化，将其假定为一固定值，如假定冰、裸地、粒雪、老雪和新降雪反照率分别为 0.24、0.25、0.5、0.61 和 0.74。Arnold 等（1996）利用辐射计量测冰川中线上冰面 albedo 值，利用冰面反照率随高程增大而增加的规律得到冰面空间分布的 albedo，太阳短波辐射则考虑坡度、坡向等地形因子。

## 6.2  山地冰川太阳短波辐射

### 6.2.1  山地冰川太阳短波辐射估算

本节研究的目的是利用已有的山区太阳短波辐射估算方法，将 S2 卫星遥感产品取代 MODIS 大气产品和 Landsat TM 图像，从而获得具有更高时空分辨率的山地冰川太阳短波辐射。由于云对山地冰川太阳短波辐射估算的复杂影响（Chen et al.，2018），加之光学遥感数据对云下信息探测的困难，因此本研究仅考虑在晴空条件下的冰面 DSSR 估算。

1. 估算方法

本研究采用第三章的山地辐射传输方案，将 Li 等（2002）山地辐射传输方案与 Yang 等（2006）宽波段大气透过率衰减模型进行融合，用 S2 产品代替 MODIS 大气产品和 Landsat 影像，基于 DEM 数据充分考虑各地形因子对太阳短波辐射的影响，从而精确估算山地冰川表面接收的太阳短波辐射（10m）。详细的估算流程如图 6.1 所示。

2. 模型输入参数反演

同样地，山地冰川表面接收的太阳短波辐射包括三个分量：直接辐射、散射辐射和周围反射辐射。考虑到太阳短波辐射的入射方向，散射辐射可以进一步分为各向同性和各向异性散射辐射分量，具体估算公式见 3.1 节。总体而言，山地冰川表面接收的瞬时 DSSR 估计模型有 4 个输入参数：太阳–冰面的几何关系、局部地形因子、冰川表面反照率和大气衰减。其中，前地形因子获取方法已经熟悉，冰面反照率则需根据用户自定义后的 S2 L2A 产品，通过窄波段至宽波段后获得。自此，选择 Knap 等（1999a）提出的基于 Landsat 5/7 TM 冰面窄波段至宽波段转换公式，考虑到 Landsat TM 与 Sentinel-2 波段宽度的差异，选择 L2A 产品的波段 3 与波段 8 计算冰面反照率，具体公式参见 6.3 节表 6.4。下面将详细介绍如何从 S2A/B 影像中获取水汽和气溶胶光学厚度。

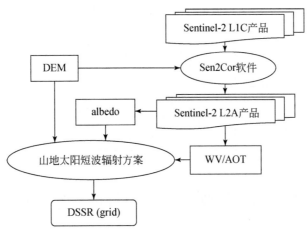

图 6.1　山地冰川表面 DSSR 估算流程

为了获取卫星过境时刻大气的水汽可将水厚度与气溶胶光学厚度，Sen2Cor 工具首先通过辐射定标将 S2 L1C 数据转换为 TOA 辐射，并将其预分类为陆地、水、云和冰/雪等图层。然后使用 LibRadtran4 代码在 6 维参数空间中生成大气辐射传输数据库（即查找表（LUT）），其中气溶胶类型分为 4 类（农村、城市、沙漠和海洋）。

在影像上找到暗参考区域是气溶胶光学厚度反演的重要一步。使用 SWIR 波段（波段 12，2.19μm）搜索密集的暗植被（DDV）像元，而波段 4（红色）和波段 2（蓝色）用于估计大气能见度。这些数据的优势在于，可以根据场景动态调整暗像素反射率的阈值（即中等亮度），可以获得一定百分比（2%–5%）的暗像素，最终计算出 AOD 值。使用 3km×3km 空间滤波器，可以获取非参考像元的平均 AOD 值。因此，Sen2Cor 算法可用于估算面积较小且比较明亮区域（如山地冰川）的 AOD，这是 MODIS 气溶胶产品算法无法比拟的，因为 MODIS 气溶胶产品通常无法在此类区域反演。

反演得到气溶胶光学厚度值后，Sen2Cor 软件工具才能够估算大气可降水厚度。使用 Sentinel-2 波段 8a（0.865μm）和波段 9（0.945μm），运用水汽预校正差分吸收（APDA）反演算法（Schläpfer et al., 1998），获得大气可降水厚度。有关气溶胶光学厚度和大气可降水厚度的详细反演算法，可以参照相关文献（Müller-Wilm et al., 2013）。

3. 数据源

如表 6.1 所示在一个冰川物质平衡年（2017 年 9 月至 2018 年 8 月）收集了 62 景 S2 A/B Level-1C（L1C）多光谱成像仪（MSI）影像。这些影像是从 ESA 哥白尼开放访问中心官网[①]免费获得。DEM 和遥感影像均设置为 1984 年通用横轴墨卡托/世界大地测量系统（UTM/WGS84）投影/坐标参考系，地面观测站点数据由祁连山冰川与生态环境综合观测研究站提供。

---

① https://sentinels.copernicus.eu/web/sentinel/missions/sentinel-2.

表 6.1　多源数据基本信息

| 数据集 | 数据来源 | 空间分辨率 | 时间 | 数据量及时间 | 用途 |
|---|---|---|---|---|---|
| Sentinel-2A | ESA | 10m | 2017-09-01–2018-08-25 | 27 景 | 大气可降水厚度/气溶 |
| Sentinel-2B | ESA | 10m | 2017-09-01–2018-08-25 | 35 景 | 胶光学厚度/反照率 |
| DEM | DLR | 12.5m | 2010–2015 年 | 1 景 | 地形因子/地形校正 |
| Pyranometer | AWS1 | | 2018-01-04–2018-08-10 | 37d | 精度验证 |
| | AWS2 | | 2018-05-27–2018-08-25 | 15d | |

## 6.2.2　山地冰川太阳短波辐射空分布特征

### 1. 估算结果验证

为了验证山地冰川太阳短波辐射估算的可靠性，从两个气象站选择了 2018 年 1 月至 8 月的 52 个晴空地面观测资料进行验证。由于 AWS1 和 AWS2 的地面观测资料每 30min 记录一次，而 S2 A/B 过境的为当地时间约在上午 12：30 左右，一年之内过境时间差异在 15min 之内。因此，选择了 AWS1 和 AWS2 的 12：30 辐射测量数据进行模型精度验证。图 6.2 描述了冰面 DSSR 地表观测与模型估算散点图，其中统计指标定义参考详见 3.2 节。统计结果表明，模型估算的冰面太阳短波辐射与地面观测的数据之间具有较高的一致性（$R^2 = 0.864$）。瞬时太阳短波辐射估算值与站点测量值的 RMSD 之差为 73.6W/m²，RMSD% 为 7.9%。大部分模型估算结果数据在 1：1 线之下，MBE 值为 −16.0W/m²，总体存在低估现象。

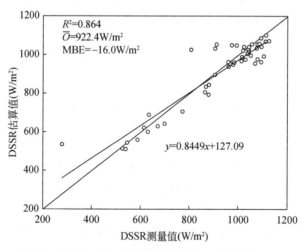

图 6.2　冰川表面太阳短波辐射估算值与站点观测值散点图及统计结果

## 2. 山地冰川 DSSR 空间分布特征

基于山地辐射传输模型，模拟了 2017 年 9 月至 2018 年 8 月一个物质平衡年内 62 个晴空日的 S2 过境时刻的冰面太阳短波辐射。研究发现，靠近北坡位置的冰面接收到的太阳短波辐射最低，而 DSSR 最大值往往出现在南坡区域。为了描述冰川表面接收的太阳短波辐射空间分布的时间变化特征，选择了 2017 年 10 月 14 日、2017 年 12 月 8 日、2018 年 5 月 7 日和 2018 年 8 月 17 日 4 个典型时相的 DSSR 进行分析，如图 6.3（a）所示。从 4 个典型时相 DSSR 时空分布看，在一个物质平衡年内冰面太阳短波辐射具有较大的波动性。可以看出，S2 卫星过境时刻 DSSR 最小值出现在 12 月份，平均值约为 398.2W/m²，最大值则出现在 5 月份，平均值达到 948.9W/m²。

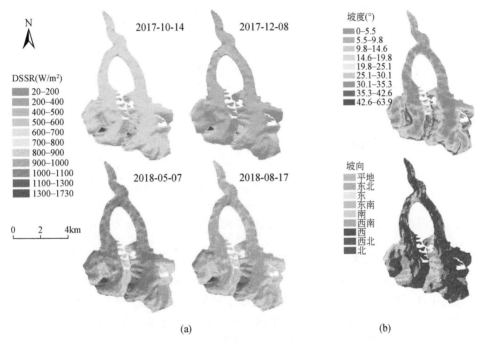

(a)                                      (b)

图 6.3　冰川物质平衡年内冰川表面 DSSR 时空分布特征及坡度、坡向
（a）S2 A/B 过境时刻的 DSSR；（b）坡度、坡向

表 6.2 统计数据表明，冰川表面获得的太阳辐照度的季节变化主要受太阳天顶角的影响。对于平坦冰川区域（即坡度较小的区域），太阳天顶角决定了冰面接收的平均太阳短波辐射：太阳天顶角越大，太阳辐照度越小，反之亦然。因此，对两个站点的 52 个卫星过境时刻的地面观测值与所对应的太阳天顶角之间的关系作进一步分析，如图 6.4 所示。太阳天顶角的大小控制着冰面接收的太阳短波辐射能量的大小，太阳天顶角越小，冰面 DSSR 越大，而随着太阳天顶角的增加，冰面接收的太阳短波辐射迅速减少，两者呈现负相关性。地面站点测量数据也表明，冰川表面接收的太阳短波辐射与太阳天顶角之间呈较强的负相关关系（$R^2 = 0.85$）。由此可见，老虎沟 12 号冰川太阳短波辐射最小值应该出现

在 12 月份，而最大值应该出现在 6 月份。

表 6.2　4 个典型时相冰川表面 DSSR 统计特征

| 典型时相 | Sentinel-2 卫星 | 太阳天顶角（°） | 太阳短波辐射特征（W/m²） | | | |
|---|---|---|---|---|---|---|
| | | | 最小值 | 最大值 | 平均值 | 标准差 |
| 2017-10-14 | S2 B | 48.7 | 33.6 | 1690.2 | 636.9 | 156.4 |
| 2017-12-08 | S2 A | 63.2 | 22.9 | 1661.3 | 398.2 | 173.5 |
| 2018-05-07 | S2 A | 25.4 | 24.7 | 1727.7 | 948.9 | 121.0 |
| 2018-08-17 | S2 B | 30.3 | 26.7 | 1460.5 | 876.7 | 125.0 |

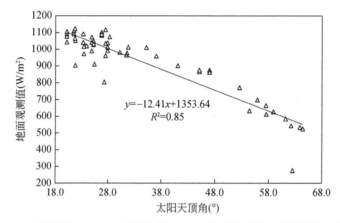

图 6.4　冰川表面 DSSR 站点观测值与 S2 卫星过境时刻太阳天顶角散点图

此外，尽管太阳天顶角主要影响冰面太阳短波辐射，但是不规则的冰面起伏地形则控制了区域内 DSSR 空间分布的再分配。在平坦冰面，接收的 DSSR 差异较小，但是在地形起伏较大的南部区域，冰面太阳辐照度呈现出了较强的空间异质性。总体上讲，北坡的太阳短波辐射普遍较低，而 DSSR 最大值出现在冰川南部的南坡。崎岖冰面的太阳短波辐射受周围可见的冰雪表面高反射特征的影响。如图 6.3（b）所示，比较 4 个冰面 DSSR 空间分布特征与对应的地形坡度、坡向图，发现太阳短波辐射空间异质性与地形起伏状况之间存在较强的一致性。冰面地形坡度、坡向变化越剧烈，DSSR 空间异质性越强烈。

### 3. 山地冰川 DSSR 剖面分析

为了进一步探究冰面太阳短波辐射受地形的影响程度，特别选取两条剖面线进行分析，如图 6.5（a）所示。一条线从冰川末端开始沿着冰川中心穿过冰川东支中线，称其为垂直剖面线；另一条线被称为水平剖面线，从冰川西段出发横跨冰川南部。两条线都是沿剖面线起点开始每隔 10m 取一个点，这样在垂直剖面线上共获得 982 点，在水平剖面线上共获得 599 个点。图 6.5（b）表明，沿着垂直剖面线的冰面太阳短波辐射大约为900W/m²，除了冰川南部陡坡引起的 DSSR 异常低值外，其他区域剖面线上的冰面 DSSR

变化幅度都不大。然而，沿着东西向水平剖面线，冰面太阳短波辐射变化异常剧烈，冰川表面各点的 DSSR 差异甚至超过 $1000\text{W/m}^2$（$334-1460\text{W/m}^2$）。

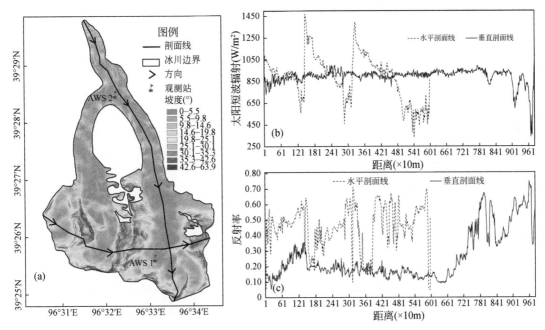

图 6.5　2018 年 8 月 17 日 S2 卫星过境时刻冰川表面瞬时剖面分析
（a）2 条剖面线分布；（b）剖面线上 DSSR 分析；（c）剖面线上 albedo 分析

以上剖面分析结果表明，在冰面上建立的少数几个稀疏的气象观测站点不能代表整个山地冰川太阳短波辐射分布的总体状况（Wendler and Ishikawa，1974；Hastenrath and Kruss，1988）。尽管一些学者发现冰川边缘与中心流线上的 DSSR 具有较强的异质性，仍然有些研究假设在冰川单个点上测量的太阳短波辐射测量值代表了整个山地冰川 DSSR，许多冰川物质平衡模型也以某个站点资料作为冰川太阳短波辐射能量的输入参数（Jonsell et al.，2003；Hock and Holmgren，2005；Jiskoot and Mueller，2012）。显然，这种假设下的参数化方案无疑给山地冰川变化研究带来较大的不确定性。

图 6.5（c）同样对冰面反照率进行垂直与水平剖面分析，进一步证明冰川 albedo 对冰面太阳短波辐射的重要贡献。在平坦冰川表面，即使反照率很高，周围地形反射辐射分量也对目标像元总太阳辐照度的贡献较小，也很难改变稳定的冰面 DSSR 变化曲线。但是，在地形复杂的冰面，尤其是在沿水平剖面线上，冰/雪反照率加剧了 DSSR 的时空异质性。因此，要精确计算崎岖冰川表面接收的 DSSR，必须首先利用卫星遥感影像估算实际的冰川表面反照率变化特征，而不是假定整个冰川具有某一固定的反照率值。

### 4. 山地冰川 DSSR 时空变化特征

为了定量研究山地冰川太阳短波辐射时空变化，特选取 6 个具有代表性的冰面地形点（P01、P02、P03、P04、P05 和 P06）进行分析。在这些点中，P01、P02、P03 和 P06 点位于不同冰面高程带上，但都处于相对平坦区域中；P04 点位于坡度为 38°的东南陡坡上；P05 点则位于坡度为 24°的北坡上，如图 6.6（a）所示。

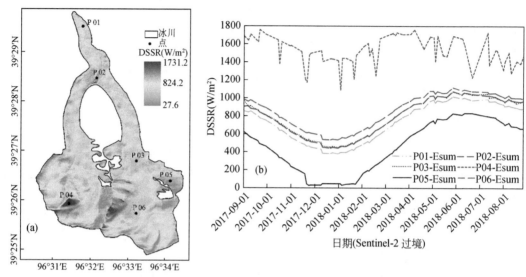

图 6.6　在一个冰川物质平衡年内卫星 S2 过境时刻冰川表面 DSSR 空间分布特征
（a）6 个典型冰川表面点在 2017 年 9 月 1 日 DSSR 图上的分布；（b）6 个典型点 4 个辐射分量时空变化曲线

图 6.6（b）所示描述了 6 个点在一个物质平衡年内的 62 个晴空日，Sentinel-2 号卫星过境时刻瞬时冰面接收的太阳短波辐射时空变化特征。4 个平坦冰面点的太阳短波辐射季节性变化相似，一年内符合正弦曲线变化，但是其他两个冰面点接收的 DSSR 变化规律则完全不同。P05 点在整个物质平衡年中接收的太阳短波辐射非常小，尤其是在冬季，其他季节变化规律类似正弦曲线；而 P04 点接收的 DSSR 则全年整体最高，且一年中变化曲线抖动厉害，时间差异明显。由于山地冰川太阳短波辐射由三部分组成，因此，需要进一步探讨 6 个点各辐射分量在一个物质平衡年中的变化特征。

如图 6.7 所示，从 2017 年 12 月 20 日至 2018 年 1 月 22 日 Sentinel-2 卫星过境时刻，由于地形遮蔽效应，P05 点始终处于阴影中，该点太阳直接辐射为零。太阳短波辐射能量主要来自散射辐射，但由于该点天空可视因子较小，使得总的 DSSR 值非常小。在其他季节，尽管 P05 点受太阳光照射，但由于该点处的太阳实际照射角余弦值比其他 5 个点的都小，因此太阳直接辐射仍然最小。然而，地处东南陡坡的 P04 点，一年中太阳实际照射角余弦值总是最高，因此太阳直接辐射非常强烈，除了冬季外一般年均都在 1000W/m² 以上。同理，由于该点具有宽阔的视野，一个物质平衡年内其散射辐射也是 6 个点中最大的。另外，由于东南坡的 P04 点与周围可见冰/雪表面具有较大的地形结构因子，以及该点周围可见地表都被反射率高的冰/雪覆盖，P04 点的周围地形冰面贡献的反射辐射分量非常强烈。所以在整个物质平衡年，该点接收的总的太阳辐照度异常高，甚至超过了世界气象组织 WMO 推荐的太阳常数值 1368W/m²。

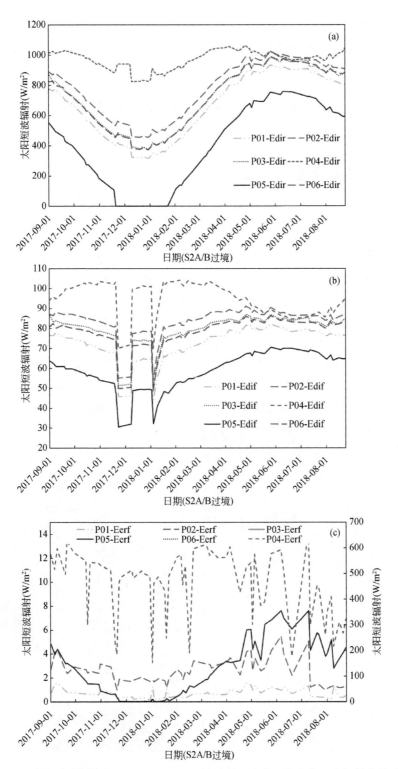

图 6.7　在一个冰川物质平衡年内 Sentinel-2 卫星过境时刻 6 个典型冰面点三个辐射分量时间变化曲线

（a）直接辐射；（b）散射辐射；（c）周围地物反射

另外，从图6.7（b）可看到，6个典型冰面点的散射辐射时空变化曲线在冬季都存在两处较大的波谷。进一步研究表明，散射辐射分量产生波谷的原因是4个晴空日的大气透过率比其他冬季日的透过率高，从而使得相应的散射辐射大大降低。

# 6.3 山地冰川反照率

## 6.3.1 山地冰川反照率反演

### 1. 数据源及数据处理

基于Sentinel-2 L1C产品反演冰川表面albedo的处理流程主要包括两个方面：一是利用官方网站提供的软件Sen2Cor并对关键的几种输入参数进行设置（具体参见2.5.3节），借助高分辨率DEM数据，输出经过大气校正与地形校正的地表反射率产品L2A；二是通过窄波段至宽波段转换，将波谱反射率转换为宽波段地表反射率。

由于老虎沟12号冰川的2018年2月16日S2影像上西南部存在大面积云影，8月10日在冰川中部和冰舌部分被大面积云覆盖（图6.8），因此本研究将6.2节中的这两个时相数据剔除，利用一个物质平衡年的其他60景晴空S2影像数据作进一步分析，相应地获得49个晴空日地面站点观测数据用于估算精度检验。研究所用数据集详细信息如表6.2所示。

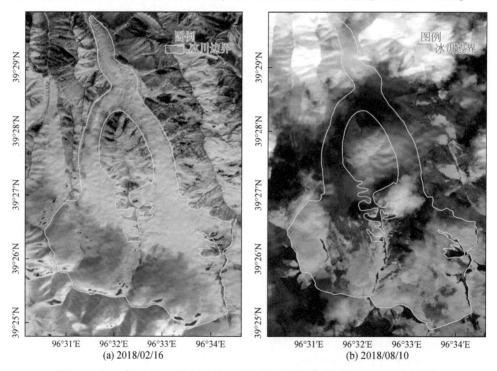

图6.8 2018年2月16日和8月10日两个时相影像受云影及云的影响严重

## 2. 几种窄波段至宽波段冰川反照率转换公式

由于输出的 S2 L2A 各波段是对 L1C 进行地形标准化，且考虑了地表 BRDF 各向异性反射特性，该地表反射率可以认为是去除了地形影响，地表反射特性具有各向同性，即地表为朗伯体。因此，可以将 L2A 波谱反射率假设为地表波谱反照率。由于波谱反照率曲线依赖于积雪或冰川特性，Gratton 等（1993）则针对干净积雪和污化冰雪提出了不同的转换公式。后来很多学者在不同研究区域也提出针对不同传感器反演冰/雪表面 albedo 的多种窄波段至宽波段转换公式（Knap et al., 1999）。Naegeli 等（2017）采用了 Knap 等（1999a）提出的基于 Landsat 5/7 TM 冰面窄波段至宽波段转换公式估算了冰面 albedo。本节选择了 7 种（表6.4）常用于 Landsat TM/ETM⁺ 影像针对冰/雪反照率转换的公式进行讨论，表中公式已经将 Landsat TM 波段转换为 Sentinel-2 相应波段。

**表6.4 Sentinel-2 冰雪窄波段宽波段转换公式**

| 序号 | 文献 | 转换公式 |
|---|---|---|
| 1 | Duguay 和 Ledrew（1992） | $\alpha = 0.526\,\alpha_3 + 0.314\,\alpha_8 + 0.112\,\alpha_{12}$ |
| 2 | Gratton（1993） | $\alpha = 0.493\,\alpha_3 + 0.248\,\alpha_8 + 0.154\,\alpha_{12}$（干净冰雪） |
| 3 | Gratton（1993） | $\alpha = 0.493\,\alpha_3 + 0.507\,\alpha_8$（污化冰雪） |
| 4 | Knap 等（1999） | $\alpha = 0.726\,\alpha_3 - 0.322\,\alpha_3^2 - 0.051\,\alpha_8 + 0.581\,\alpha_8^2$ |
| 5 | Liang（2000） | $\alpha = 0.356\,\alpha_2 + 0.13\,\alpha_4 + 0.373\,\alpha_8 + 0.085\,\alpha_{11} + 0.072\,\alpha_{12} - 0.0018$ |
| 6 | Greuell 等（2002） | $\alpha = 0.539\,\alpha_3 + 0.166\,\alpha_8\,(1 + \alpha_8)$ |
| 7 | Greuell 和 Oerlemans（2004） | $\alpha = 0.422\,\alpha_3 + 0.337\,\alpha_8 + 0.113\,\alpha_8^2$ |

## 6.3.2 结果验证与时空分布特征

### 1. 不同反照率反演方法精度验证

表6.5 利用 2 个冰面站点观测数据，对比分析了 49 个晴空条件下 S2 卫星过境时刻，7 种针对冰/雪表面的窄波段至宽波段 albedo 转换结果，获得了几种精度评价统计指标。实验结果表明，S2 反演的冰/雪表面反照率与站点观测值之间具有非常高的相关性，$R^2$ 都高达 0.85 以上。然而，冰/雪 albedo 反演值总体上呈现高估现象，冰/雪反照率观测值越高，遥感估算的高估现象越明显，而且不同的反照率转换公式精度呈现了不同的高估结果。综合利用平均偏差 MBE 和均方根误差 RMSD 对比以上 7 种反照率反演结果，表明 Gratton 等（1993）针对干净冰雪的转换公式（称为 Gratton-clean 法）在老虎沟冰川获得的冰/雪 albedo 精确最高（MBE = 0.069，RMSD = 0.112）；而 Gratton 等（1993）针对污化冰雪转换公式（称为 Gratton-dirty 法）精度最低（MBE = 0.215，RMSD = 0.237）。其他 5

种 albedo 转换公式的精度差别不大。

**表 6.5　Sentinel-2 窄波段至宽波段 albedo 转换模型精度比较**

| 序号 | 反照率转换模型 | $R^2$ | MBE | RMSD | MBE% | RMSD% |
|---|---|---|---|---|---|---|
| 1 | Duguay 模型 | 0.879 | 0.146 | 0.179 | 20.06 | 24.67 |
| 2 | Gratton-clean 法 | 0.8789 | 0.069 | 0.112 | 10.66 | 17.15 |
| 3 | Gratton-dirty 法 | 0.9073 | 0.215 | 0.237 | 26.95 | 29.66 |
| 4 | Knap 转换模型 | 0.878 | 0.177 | 0.218 | 23.28 | 28.64 |
| 5 | Liang 转换模型 | 0.8771 | 0.158 | 0.193 | 21.31 | 26.05 |
| 6 | Greuell（2002）转化法 | 0.8627 | 0.147 | 0.191 | 20.13 | 26.22 |
| 7 | Greuell（2004）转化法 | 0.8662 | 0.144 | 0.185 | 19.85 | 25.46 |

　　图 6.9 绘制了 7 种窄波段至宽波段转换的冰/雪 albedo 估算值与相对应的地面反照率站点观测值之间的散点图。冰/雪 albedo 反演值绝大部分在 1∶1 线以上，表明 S2 反演的反照率总体上具有高估特点，冰/雪反照率值越高，高估特征越明显。显然，针对干净积雪的 Gratton-clean 窄波段至宽波段转换拟合直线是最接近 1∶1 线的，其拟合效果也是最佳的。

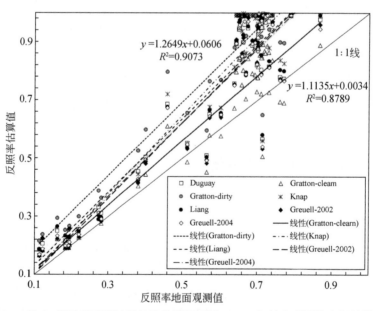

图 6.9　7 种 S2 窄波段至宽波段转换估算的冰雪 albedo 与站点观测值之间的散点图

　　图 6.10 将一个物质平衡年内的 60 个晴空日反照率观测值与遥感反演值进行对比，进一步比较分析 7 种冰雪反照率转换公式。可以看出，S2 遥感数据反演的 albedo 与冰川表面站点观测值具有较好的对应性，尤其是在冰川消融程度较高的夏季。当冰雪 albedo 较高时，遥感反演值与实测值差异要大一些。从 7 条曲线来看，Gratton-clean 法最优，其变化

曲线与冰面反照率观测值变化趋势吻合较好。

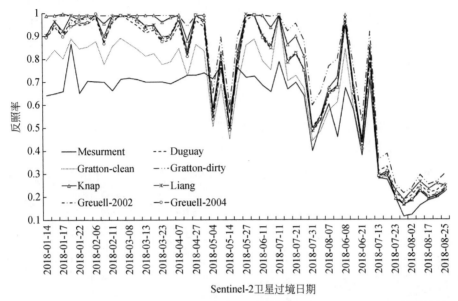

图 6.10　一个物质平衡年内 7 种 S2 窄波段至宽波段转换估算的冰雪 albedo 估算值与
站点测量值变化曲线对比

　　显然，在冰/雪反照率反演中，不同窄波段至宽波段转换公式非常重要，不同的转换公式将产生不同的 albedo 结果。图 6.11 是 2018 年 8 月 17 日的 S2 L2A 数据利用 Gratton-dirty、Gratton-clean 和 Knap 三种典型的反照率转换公式的反演结果进行对比。从中可以看出 Gratton-clean 和 Knap 两种转换得到的 albedo 在冰川消融剧烈的区域差异不大，但在冰

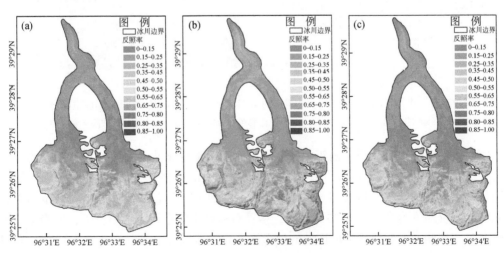

图 6.11　2018 年 8 月 17 日 S2 L2A 波段的三种典型窄波段至宽波段转换的冰川 albedo 结果对比
（a）Gratton-dirty；（b）Gratton-clean；（c）Knap

雪反照率较高的冰川积累区，两种反演方案区别明显。但 Gratton-dirty 转换结果与其他两种 albedo 反演差异较大，空间分布也有较大的不同。因此，根据以上 7 种反照率反演结果分析，本节最终选择在研究区精度最高的 Gratton-clean 转换公式，然后对 2017 年 9 月至 2018 年 8 月一个物质平衡年内的 L2A 产品进行 albedo 转换，最终获得老虎沟 12 号冰川反照率时空分布数据。

### 2. 老虎沟 12 号冰川表面反照率时空变化

在一个冰川物质平衡年的 60 个晴空日，选择与 6.2 节相同的 4 个典型时相的 albedo 空间分布数据进行分析，如图 6.12 所示。

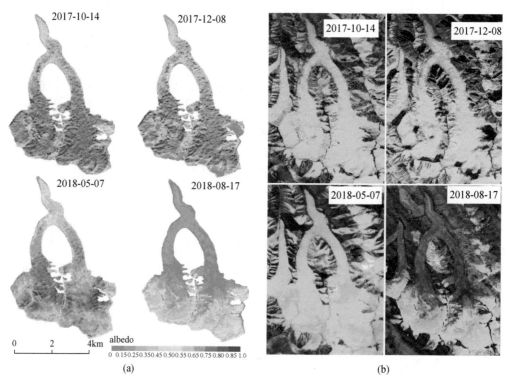

图 6.12　在一个冰川物质平衡年内 S2 卫星过境时刻 4 个典型时相的冰川 albedo 空间分布特征

（a）4 个典型 albedo 时空分布特征；（b）S2 假彩色合成影像（RGB：波段 11、波段 4 和波段 3）

实验表明，在一个物质平衡年内，冰川表面反照率变化波动较大，具有明显的季节变化特征。在秋季和冬季，冰川反照率值整体较高，大部分在 0.75 以上。但由于地形起伏特别是地形遮蔽的影响，例如图 6.12（a）所示的 2017 年 12 月 8 日 albedo 分布图上，有些冰川区域反照率也会小于 0.25。显然，尽管对遥感影像进行了地形校正，但当太阳天顶角较大时，那些地形起伏较大的区域的地形影响仍然难以完全剔除。在春季特别是春夏季节，由于冰川表面消融日益加剧，冰川反照率变化较为剧烈，大部分区域出现裸露的冰面，其 albedo 下降到 0.25 以内。因此，特别选择了 6 月至 8 月 9 个时相的 albedo 反演结果，进一步探讨冰川反照率在消融季节的变化特征。

如图 6.13 所示，2018 年 6 月 11 日至 8 月 17 日，冰川持续消融，无论是冰川末端还是冰川顶端，albedo 都在降低，表明冰川表面粒雪范围在持续减小，到了 8 月中旬，在反照率一直都较高的冰川南部粒雪区域也出现了 albedo 很小值。在此期间，由于小规模固态降水的出现，冰面反照率也出现一些波动，如 8 月 7 日冰川表面覆盖薄层积雪，整个冰川上的 albedo 表现了轻微的反弹。7 月 31 日和 8 月 2 日冰川西南部出现了几块反照率较高的红色区域，从影像数据（图 6.14）对比来看，这部分变化主要是受到云的影响。8 月 22 日以后，由于气温降低以及太阳短波辐射能量的降低，消融期逐渐结束而冰川反照率值开始迅速升高。

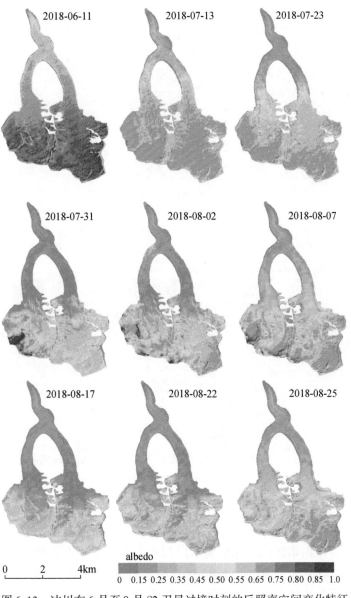

图 6.13　冰川在 6 月至 8 月 S2 卫星过境时刻的反照率空间变化特征

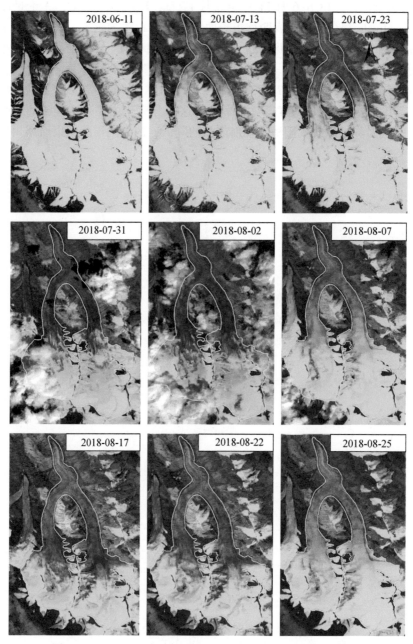

图 6.14　6 月至 8 月 9 个时相的 S2 卫星影像假彩色合成影像

RGB：波段 11、波段 4 和波段 3

　　总体而言，在消融区以裸冰为主，且消融剧烈，反照率较低；随着海拔的升高，消融速度逐渐减弱；在积累区以上冰面类型以积雪为主，反照率值整体较高。从 2018 年 6 月 11 日至 8 月 17 日 9 个时相的 albedo 计算结果与 S2 假彩色合成影像对比可以看出，冰面反照率时空分布特征与 S2 假彩色合成影像上冰川表面颜色变化能够很好地吻合。

两者的一致性进一步说明 Gratton- clean 冰/雪窄波段至宽波段转换公式能够精确地反演冰雪反照率。

# 6.4 山地冰川短波净辐射时空分布特征

地表短波净辐射遥感估算方法主要包括直接法和分项估算法。在地形复杂且冰面状况变化迅速的山地冰川而言，将卫星遥感、高分辨率 DEM 与山地辐射传输模型结合的分项估算法将成为一种有效的手段（蒋熹等，2010）。因此，将冰川太阳短波辐射和冰川表面反照率估算结果直接代入辐射收支方程（式（1.1）），就可以获得基于 Sentinel–2 卫星数据的 10m 空间分辨率的一个物质平衡年内（2017 年 9 月至 2018 年 8 月）的冰川表面短波净辐射时空变化数据。

## 6.4.1 精度验证

在利用高分辨率 DEM 数据和 S2 L2A 产品基础上，分别估算出老虎沟 12 号冰川表面太阳短波辐射和反照率，从而获得山地冰川表面 NSSR 时空分布数据。与 5.3 节类似，选取了两个冰面观测站点 49 个晴空短波净辐射测量值与对应的遥感估算值进行对比，其散点图和统计结果如图 6.15（a）所示。其中，遥感估算 NSSR 与站点观测值随时间的变化曲线（图 6.15（b））高低起伏的变化形态极为相似，两者具有非常高的相关性（$R^2$ = 0.874）。然而，遥感估算的值整体上呈现低谷现象（MBE = −72.5W/m²），尤其表现在冰雪表面 NSSR 低值区域，且实际冰雪表面短波净辐射越低，低估现象越明显。统计结果表明，MBE% = −18.9%，RMSD% = 29.4%。

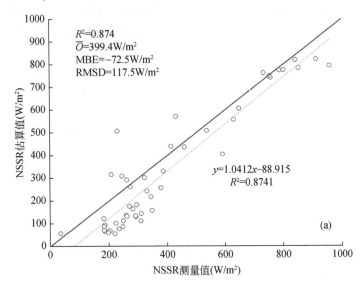

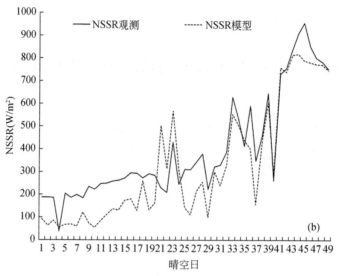

图 6.15　冰川表面站点 NSSR 观测值与 S2 卫星遥感估算结果对比
（a）散点图；（b）NSSR 变化曲线图

## 6.4.2　山地冰川 NSSR 空间异质性

在一个冰川物质平衡年的 60 个晴空日，选择与 6.2 节和 6.3 节相同的 4 个典型时相的冰川表面短波净辐射空间分布数据进行分析，如图 6.16 所示。

由于冰川表面局部地形起伏，尤其是受地形遮蔽的影响，山地冰川表面短波净辐射具有较高的空间异质性，同时还具有明显的季节变化特征。地形较平坦的冰舌及冰川中部区域，冰面 NSSR 整体较高，而地形复杂的南部冰川积累区短波净辐射值较低，且具有较强的空间异质性。实验表明，在一个物质平衡年内，夏季冰川表面 NSSR 空间异质性最大。

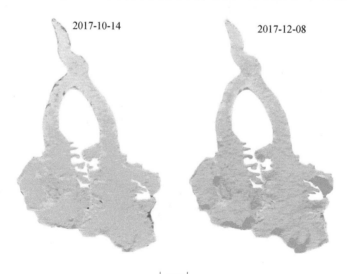

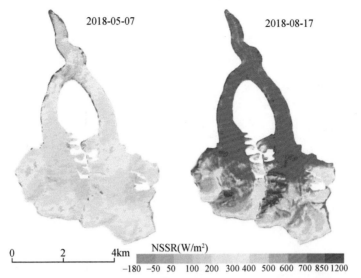

图 6.16 在一个冰川物质平衡年内 S2 过境时刻 4 个典型时相的冰川表面短波净辐射时空分布特征

整体而言，冰面短波净辐射冬季最小而夏季值最大，春季冰面 NSSR 也高于秋季。在春夏季特别是夏季，由于冰川表面消融引起的冰面反照率变化日益减小，使得冰川表面 NSSR 呈现增大趋势。尤其是夏季，冰川表面大部分区域短波净辐射高于 850W/m²。因此，下面将选择 2018 年 6 月至 8 月的 9 个时相 NSSR 估算结果，深入探讨冰川表面短波净辐射能量在夏季消融季节的时空变化特征。

## 6.4.3 山地冰川 NSSR 时空间分布特征

如图 6.17 所示，2018 年 6 月 11 日至 8 月 17 日，冰川持续消融，无论是冰川末端还是冰川顶端，冰面短波净辐射能量在增加，与对应时相冰面反照率变化特征（图 6.13）趋势正好相反。6 月初，除了冰舌最北端及冰川边缘部分区域外，冰面其他大部分区域 NSSR 都不高于 400W/m²；到了 7 月中旬，除冰川北坡外大部分冰面短波净辐射已经高于 400W/m²，甚至在 4600m 以下的冰川区域的 NSSR 高于 700W/m²；7 月底 8 月初，除冰舌、

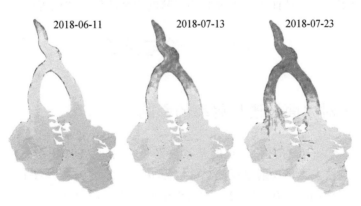

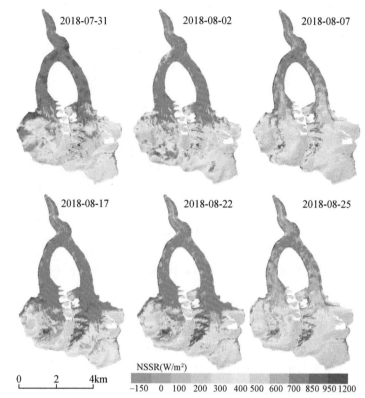

图 6.17 在 6 月至 8 月 S2 卫星过境时刻的冰川表面 NSSR 时空变化特征

冰塔林、冰面微地形及部分云及云影等区域外，5000m 以下的冰面短波净辐射已经高于 850W/m²，冰川南部地形复杂区域的阳坡冰面 NSSR 高达 1200W/m²；8 月 22 日以后，由于太阳短波辐射能量降低后冰面反照率增加，冰川表面短波净辐射能量开始降低，冰川消融开始逐渐减弱。

山地冰川表面短波净辐射是冰川消融、冰川物质平衡等研究的基础数据。基于高分辨率 DEM 和 Sentinel-2 A/B 卫星遥感数据，借助山地辐射传输模型能够估算山地冰川表面短波净辐射时空分布特征，从而为无地面观测资料的山地冰川变化获得可靠辐射平衡数据。

# 6.5  讨论与结论

## 6.5.1  DEM 对冰面波谱反射率的影响

DEM 是遥感影像地形标准化校正的基本数据源。然而，DEM 网格的大小会影响地形因素，并最终影响地表光谱反射率反演精度（Zhang et al., 2015）。图 6.18 描述了分别使用三个不同分辨率（90m、30m 和 12.5m）DEM 数据对 2017 年 10 月 14 日 S2 L1C 影像进行地形标准化后输出的 L2A 产品结果，同时也绘制了位于北坡冰面点 A 的各光谱反射率曲线（图 6.19）。

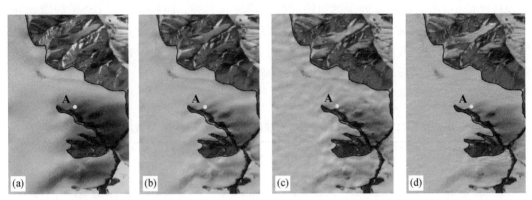

图 6.18　使用 3 种不同空间分辨率的 DEM 数据对 2017 年 10 月 14 日 S2 影像进行地形标准化处理结果对比
（a）原始影像假彩色合成影像（RGB：bands11，4，3）；（b）90m DEM；（c）30m DEM；（d）12.5m DEM

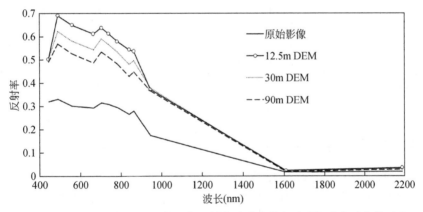

图 6.19　冰川阴坡 A 点处原始影像反射率波谱曲线与地形标准化后曲线对比

目视判读结果表明，在原始图像中冰川表面光谱反射率受地形影响最为明显，表现为阴坡冰面暗淡而阳坡冰面明亮。经过地形标准化消除局部地形影响后，可以获得更详细的冰/雪表面特征，从而提高冰川表面光谱反射率的反演精度。同时也发现，DEM 的空间分辨率越高，地形效应的去除效果越好，冰川表面光谱反射率值越可靠。由于在 Sen2Cor 中，默认情况下，通常将 90m 的 SRTM DEM 数据用于 S2 图像的地形标准化处理。因此，本章利用 12.5m DEM 得到的 L2A 产品能够更好地消除 S2 图像中的地形影响，从而提高质量平衡年中冰/雪表面反射率反演的可靠性。

## 6.5.2　地形对冰雪表面 DSSR 的影响

地形复杂的冰川表面太阳辐照度受各种地形因子的强烈影响。影响最大的地形因子是地形遮蔽系数。当地形遮蔽系数为1时，冰/雪面不能被太阳光照射到，接收的太阳直接辐射为零。第二大影响因素是坡向，如表6.6所示。在2017年9月1日S2卫星过境时刻，冰面接收最小DSSR的像元处于冰川西北坡、西坡和北坡，而接收最大DSSR的像元处于南坡和东南坡。特别是在陡峭的南坡和东南坡冰川表面，由于坡元太阳实际照射角度余弦值、地形结构因子以及周围冰雪覆盖的影响，这些陡坡像元接收到的来自周围地形反射辐射非常强烈。在陡峭阳坡冰面上接收到非常高的太阳短波辐射能量，甚至超过了在地球大气定测量得到的太阳常数。

表6.6 2017年9月1日S2卫星过境时刻冰川表面DSSR随坡向变化特征

| 坡向（°） | 面积（%） | 均值（W/m²） | 最小值（W/m²） | 最大值（W/m²） | 最大值-最小值（W/m²） | 标准差 |
|---|---|---|---|---|---|---|
| 北（0-22.5） | 13.2 | 793.309 | 108.959 | 1239.848 | 1130.889 | 129.007 |
| 东北（22.5-67.5） | 22.2 | 845.866 | 164.904 | 1286.227 | 1121.323 | 78.109 |
| 东（67.5-112.5） | 11.0 | 945.161 | 501.813 | 1323.422 | 821.609 | 52.251 |
| 东南（112.5-157.5） | 3.1 | 1095.675 | 819.911 | 1716.197 | 896.286 | 164.372 |
| 南（157.5-202.5） | 0.5 | 1038.145 | 581.970 | 1731.218 | 1149.248 | 189.697 |
| 西南（202.5-247.5） | 2.4 | 874.583 | 474.310 | 1346.750 | 872.440 | 65.194 |
| 西（247.5-292.5） | 14.0 | 780.475 | 27.691 | 1289.431 | 1261.740 | 126.157 |
| 西北（292.5-337.5） | 21.0 | 768.976 | 27.625 | 1114.756 | 1087.131 | 145.550 |
| 北（337.5-360） | 12.6 | 788.744 | 32.253 | 1166.592 | 1134.339 | 123.170 |

表6.7表明，冰川表面接收的太阳短波辐射的平均值还随着随冰面坡度的增加而减小。比如在2017年9月1日的S2过境时刻，冰川表面上坡度大于25.1°的坡元接收的DSSR最小，坡度为25.1°-42.6°的坡元接收的DSSR最大。但是，标准偏差以及DSSR之间最大和最小的差异表明，在同一坡度区域内冰面接收的太阳短波辐射也具有较强的空间异质性。此外由于坡度的影响，处于冰川表面9.8°-42.6°的坡面上接收的太阳短波辐射最大能量往往高于太阳常数数值。

表6.7 2017年9月1日S2卫星过境时刻冰川表面DSSR随坡度变化特征

| 坡度（°） | 面积（%） | 平均值（W/m²） | 最小值（W/m²） | 最大值（W/m²） | 最大值-最小值（W/m²） | 标准差 |
|---|---|---|---|---|---|---|
| 0-5.5 | 21.1 | 895.031 | 653.964 | 1289.431 | 635.467 | 28.871 |
| 5.5-9.8 | 26.2 | 870.801 | 521.275 | 1346.750 | 825.475 | 42.864 |
| 9.8-14.6 | 15.3 | 846.609 | 389.982 | 1378.271 | 988.289 | 69.944 |
| 14.6-19.8 | 10.8 | 826.933 | 379.503 | 1513.421 | 1133.918 | 110.949 |
| 19.8-25.1 | 8.2 | 775.567 | 333.226 | 1584.739 | 1251.513 | 144.476 |

续表

| 坡度（°） | 面积（%） | 平均值（W/m²） | 最小值（W/m²） | 最大值（W/m²） | 最大值-最小值（W/m²） | 标准差 |
|---|---|---|---|---|---|---|
| 25.1–30.1 | 7.9 | 732.016 | 27.625 | 1707.494 | 1679.869 | 190.934 |
| 30.1–35.3 | 6.3 | 693.160 | 218.352 | 1731.218 | 1512.866 | 235.572 |
| 35.3–42.6 | 3.4 | 650.651 | 30.811 | 1712.910 | 1682.099 | 248.322 |
| 42.6–63.9 | 0.8 | 458.299 | 27.691 | 1123.286 | 1095.595 | 247.292 |

## 6.5.3　利用 Sentinel-2 数据反演大气透过率的可靠性

3.2 节研究发现，MODIS 大气产品均高估了气溶胶和水汽的大气光学厚度。本章研究中，将 S2 反演的大气气溶胶和水汽含量替代了 MODIS 大气产品。判断这种由于 DSSR 估算模型输入参数的改变是否会影响大气透过率，需要对 S2 估算的大气透射率进行可靠性验证。

图6.20（a）描绘了62个晴空条件下，S2 过境时刻估算的大气透过率变化曲线与对应的两个气象站点观测的 DSSR 变化曲线图。不难看出，两条曲线变化形态具有高度的一致性，这也表明利用 S2 反演的大气透射率能够准确地描述卫星过境时刻的大气条件。然而，由于 MODIS 气溶胶产品 MOD04 在该区域均为无效值，且观测站点没有进行气溶胶地面观测数据。因此，目前还无法验证研究区 S2 反演的气溶胶光学厚度估算准确性，同样也无法比较这两种气溶胶产品反演精度。所以本节仅对两种大气水汽产品进行比较。图6.20（b）表明，S2 大气 PW 产品曲线形态与大气透过率曲线具有较好的一致性，表明其 Sentinel-2 反演的大气可降水厚度比 MODIS 水汽产品更能准确地描述卫星过境时刻的大气条件。

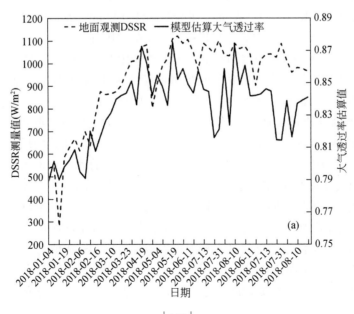

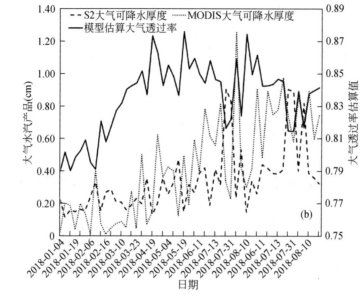

图 6.20　基于 S2 反演的大气透过率可靠性分析

（a）S2 卫星过境时刻两个观测站点 DSSR 测量值与估算的大气透过率曲线；（b）S2 水汽 PW 与 MODIS 水汽产品变化曲线

## 6.5.4　山地冰川短波净辐射估算的局限性

本研究中，S2 数据代替了 MODIS 大气产品与 Landsat TM 数据，利用 5.1 节山地短波净辐射估算方法，获得山地冰川表面 NSSR。统计结果表明，其估算精度（MBE = $-75.5\mathrm{W/m^2}$，RMSD $=117.5\mathrm{W/m^2}$，$R^2=0.874$）整体低于 3.2 节针对一般地表类型山地短波净辐射估算精度（MBE $= -72.5\mathrm{W/m^2}$，RMSD $= 84.0\mathrm{W/m^2}$，$R^2=0.756$）。由此可见，本章提出的山地冰川短波净辐射估算方法仍存在一定的局限性。

首先，DEM 是山地冰川表面接收的太阳短波辐射估算和遥感影像地形标准化的基本数据源，因此山地冰川短波净辐射估算精度取决于所采用的 DEM 数据的可靠性和空间分辨率。然而，冰川表面高程迅速变化，很难获得时效性较强的高分辨率 DEM 数据。DLR 提供的 DEM 数据无法准确描述 2017 年 9 月至 2018 年 8 月之间的实际冰川地形特征。而且空间分辨率为 12.5m 的 DEM 数据仍然不能准确描述山地冰川破碎的局部地形。其次，所采用的山区辐射模型还无法完全或准确地考虑单个像元内的冰面地形影响，这可能会给反照率较高的冰川表面短波净辐射估算带来一定的不确定性。同时，该模型忽略了地表与大气之间辐射的次散射现象。同时，冰川短波净辐射估算结果验证的准确性，还受到卫星影像估算的 NSSR 与冰面观测站点仪器位置不稳定引起的位置不匹配的影响。另外，冰川短波净辐射估算结果验证的准确性，还受到卫星影像估算的 DSSR 值与冰面观测站点仪器位置不稳定引起的位置不匹配的影响。另外，大气中 AOD 遥感反演存在不确定性，最终会影响由冰/雪组成的高反射区域中的大气透射率估算精度。因为当研究区不包含黑暗目标或中等亮度参考像素时，Sen2Cor 程序将以用户定义的能见度（例如 40km）计算研究区气溶胶光学厚度。

另外，冰面短波净辐射估算精度受冰面反照率估算精度影响较大。尽管本章利用 Sen2Cor 软件，基于高分辨率 DEM 数据对 S2 进行了用户自定义设置，在地形标准化校正时考虑了坡度引起的 BRDF 影响，提高了地表反射率反演精度。但本研究在 BRDF 中并没有考虑冰/雪等冰川表面分类（例如雪，碎屑和灰尘）的影响。同时，6.3 节研究发现，S2 卫星影像从窄波段反射率转换至宽波段反照率过程中，冰面 albedo 反演的不确定性极大地受转换公式影响。虽然通过对比实验，选择了适合老虎沟 12 号冰川的最佳转换公式，但 Gratton 等（1993）提出的则针对干净积雪转换公式得到的冰面反照率仍然整体上存在高估现象。

此外，冰川表面接收到的太阳短波辐射同时存在被低估和高估现象。在平坦冰川表面太阳短波辐射被低估；而在地形崎岖的冰川南部区域，周围地形的反射辐射贡献变得尤为重要，由于遥感影像高估了冰川表面的反照率，最终使得该区域的太阳短波辐射被高估。但由于缺乏陡峭的南坡地面观测资料，无法准确评估这些区域太阳短波辐射具体的高估偏差值。

总之，在地势相对平坦的冰面观测站点，一方面冰川太阳短波辐射被低估，另一方面冰川反照率被高估，根据辐射平衡公式（式（1.1）），两个参数估算结果最终加剧了冰川短波净辐射的低估程度。从地面观测数据对估算验证结果来看，冰川太阳短波辐射的估算精度略高于一般地表类型的山地 DSSR 估算精度，而山地冰川短波净辐射低估主要是受冰川反照率高估的影响。因此，如何提高山地冰川反照率估算精度将是山地冰川短波净辐射研究的关键。

## 6.6 小 结

地表短波净辐射是冰川消融的主要驱动因素，是冰川物质平衡等研究的基础数据。在山地冰川，太阳短波辐射和地表反照率遥感估算均受到大气状况、局地地形以及地表反射特性的影响。因此，基于高分辨率 DEM 数据，利用卫星遥感产品作为山地辐射传输模型输入参数，能够为无地面观测资料的山地冰川提供可靠的表面短波净辐射时空分布特征数据，从而为山地冰川变化研究提供基础数据。

本章探讨了在一个冰川物质平衡年内，冰川表面太阳短波辐射、反照率和冰面短波净辐射的季节性周期变化特征。获得了老虎沟 12 号冰川在一个物质平衡年内，60 个晴空条件的 S2 过境时刻，冰川表面短波净辐射时空分布数据。结果表明，山地冰川表面短波净辐射受地形影响较大，具有较高的空间异质性。整体而言，冰舌及冰川中部，冰面短波净辐射能量较高，而南部积累区较低。同时也发现，冰面短波净辐射具有较强的季节变化，冬季最小而夏季最大，春季整体高于秋季，因此老虎沟冰川消融主要发生在春夏季节。

实验结果表明，这种以 S2 数据作为模型输入参数的山区辐射方案，可以为山地冰川表面提供可靠的辐射能量平衡信息，并且免除了对地面观测数据的依赖。研究进一步证实，在不同地形的冰川表面以及不同季节，山地冰川表面接收的太阳短波辐射具有较大空间异质性，但有限的地面气象站点观测值通常不能代表整个冰川区域表面短波净辐射时空分布特征。因此，该方法适用于估算偏远和难以到达区域的山地冰川表面 NSSR 特性研究。

本章的主要贡献在于两个方面：一是将新发射的 S2A/B 卫星数据引入山地辐射传输方案中，更有利于山地冰川表面短波净辐射估计。二是通过修改 ESA 提供的 Sen2Cor 辐射传输模型的默认参数设置，通过用户自定义获得比标准产品更好的 L2A 数据，从而为冰/雪反照率提供更加可靠的基础数据。

## 参 考 文 献

蒋熹，王宁练，贺建桥，等. 2010. 山地冰川表面分布式能量–物质平衡模型及其应用. 科学通报，55（18）：1757-1765.

蒋熹，王宁练，贺建桥，等. 2011. 祁连山七一冰川反照率的参数化研究. 冰川冻土，33（1）：30-37.

康尔泗. 1996. 高亚洲冰冻圈能量平衡特征和物质平衡变化计算研究. 冰川冻土，(S1)：12-22.

康尔泗，Ohmura, A. 1994. 天山冰川作用流域能量、水量和物质平衡及径流模型. 中国科学，(9)：983-991.

Amaral T, Wake C P, Dibb J E, et al. 2017. A simple model of snow albedo decay using observations from the Community Collaborative Rain, Hail, and Snow-Albedo (CoCoRaHS-Albedo) Network. Journal of Glaciology, 63 (241): 877-887.

Arnold N S, Willis I C, Sharp M J, et al. 1996. A distributed surface energy-balance model for a small valley glacier. I. Development and testing for Haut Glacier d'Arolla, Valais, Switzerland. Journal of Glaciology, 42 (140): 77-89.

Arnold N S, Rees W G, Hodson A J, et al. 2006. Topographic controls on the surface energy balance of a high arctic valley glacier. Journal of Geophysical Research: Earth Surface, 111 (F2), doi: 10. 1029/2005 jf000426.

Chen J, Qin X, Kang S, et al. 2018. Effects of clouds on surface melting of Laohugou glacier No. 12, western Qilian Mountains, China. Journal of Glaciology, 64 (243): 89-99.

Cuffey K M, Paterson W S B. 2010. The physics of glaciers. New York: Academic Press.

Davaze L, Rabatel A, Arnaud Y, et al. 2018. Monitoring glacier albedo as a proxy to derive summer and annual surface mass balances from optical remote-sensing data. The Cryosphere, 12 (1): 271.

Dumont M, Gardelle J, Sirguey P, et al. 2012. Linking glacier annual mass balance and glacier albedo retrieved from modis data. The Cryosphere, 6 (6): 1527-1539.

Duguay C R, Ledrew E F. 1992. Estimating surface reflectance and albedo from Landsat-5 Thematic Mapper over rugged terrain. Photogrammetric Engineering and Remote Sensing, 58: 551-558.

Dozier J, Frew J. 1990. Rapid calculation of terrain parameters for radiation modeling from digital elevation data. IEEE Transactions on Geoscience and Remote Sensing, 28 (5): 963-969.

Gerd W, Nobuyoshi I. 1974. The effect of slope, exposure and mountain screening on the solar radiation of mccall glacier, alaska: a contribution to the international hydrological decade. Journal of Glaciology, 13 (68): 213-226.

Gratton D J, Howarth P J, Marceau D J. 1993. Using Landsat-5 Thematic Mapper and digital elevation data to determine the net radiation field of a mountain glacier. Remote Sensing of Environment, 43 (3): 315-331.

Greuell W. 2000. Melt-water accumulation on the surface of the Greenland ice sheet: Effect on albedo and mass balance. Geografiska Annaler: Series A, Physical Geography, 82 (4): 489-498.

Greuell W, de Wildt M R. 1999. Anisotropic reflection by melting glacier ice: Measurements and parametrizations in Landsat TM bands 2 and 4. Remote Sensing of Environment, 70 (3): 265-277.

Greuell W, Smeets P. 2001. Variations with elevation in the surface energy balance on the Pasterze (Austria). Journal of Geophysical Research: Atmospheres, 106 (D23): 31717-31727.

Hastenrath S, Patnaik J K. 1980. Radiation measurement at Lewis Glacier, Mount Kenya, Kenya. Journal of Glaciology, 25 (93): 439-444.

Hastenrath S, Kruss P D. 1988. The role of radiation geometry in the climate response of Mount Kenya´s glaciers, part 2: sloping versus horizontal surfaces. International Journal of Climatology, 8 (6): 629-639.

Hock R, Holmgren B. 2005. A distributed surface energy-balance model for complex topography and its application to Storglaciaren, Sweden. Journal of Glaciology, 51 (172): 25-36.

Huss M, Funk M, Ohmura A. 2009. Strong Alpine glacier melt in the 1940s due to enhanced solar radiation. Geophysical Research Letters, 36 (23): L23501.

Irving R D. 1883. The copper-bearing rocks of Lake Superior. US Geol. Survey Mon, 5: 464.

Jiskoot H, Mueller M S. 2012. Glacier fragmentation effects on surface energy balance and runoff: field measurements and distributed modelling. Hydrological Processes, 26 (12): 1861-1875.

Jonsell U, Hock R, Holmgren B. 2003. Spatial and temporal variations in albedo on storglaciären, sweden. Journal of Glaciology, 49 (164): 59-68.

Klok E J, Oerlemans J. 2002. Model study of the spatial distribution of the energy and mass balance of Morteratschgletscher, Switzerland. Journal of Glaciology, 48 (163): 505-518.

Knap W, Oerlemans H. 1995. The surface albedo of the greenland ice sheet: avhrr-derived measurements in the søndro strømfjord area (central west greenland) during the 1991 melt season. Video Librarian, 2005: 435-436.

Knap W H, Reijmer C H, Oerlemans J. 1999. Narrowband to broadband conversion of Landsat TM glacier albedos. International Journal of Remote Sensing, 20 (10): 2091-2110.

Klok E L, Greuell W, Oerlemans J. 2003. Temporal and spatial variation of the surface albedo of Morteratschgletscher, Switzerland, as derived from 12 Landsat images. Journal of Glaciology, 49 (167): 491-502.

Konzelmann T, Braithwaite R J. 1995. Variations of ablation, albedo and energy balance at the margin of the Greenland ice sheet, Kronprins Christian Land, eastern north Greenland. Journal of Glaciology, 41 (137): 174-182.

Kruss P D, Hastenrath S. 1987. The role of radiation geometry in the climate response of Mount Kenya's glaciers, part I: Horizontal reference surfaces. International Journal of Climatology, 7 (5): 493-505.

Kruss P D, Hastenrath S. 1990. The role of radiation geometry in the climate response of Mount Kenya's glaciers, part 3: The latitude effect. International journal of climatology, 10 (3): 321-328.

Kääb A, Treichler D, Nuth C, et al. 2015. Brief communication: contending estimates of 2003–2008 glacier mass balance over the pamir-karakoram-himalaya. The Cryosphere, 9 (2): 557-564.

Kääb A, Winsvold S H, Altena B, et al. 2016. Glacier remote sensing using Sentinel-2. Part I: Radiometric and geometric performance, and application to ice velocity. Remote Sensing, 8 (7): 598.

Liang S. 2001. Narrowband to broadband conversions of land surface albedo I: Algorithms. Remote Sensing of Environment, 76 (2): 213-238.

Li X, Koike T, Guodong C. 2002. Retrieval of snow reflectance from Landsat data in rugged terrain. Annals of Glaciology, 34 (1): 31-37.

Li Y, Kang S, Yan F, et al. 2019. Cryoconiteon a glacier on the north-eastern Tibetan plateau: light-absorbing impurities, albedo and enhanced melting. Journal of Glaciology, 65 (252): 633-644.

Mölg T, Georges C, Kaser G. 2003. The contribution of increased incoming shortwave radiation to the retreat of the Rwenzori Glaciers, East Africa, during the 20th century. International Journal of Climatology, 23 (3): 291-303.

Mölg T, Cullen N J, Hardy D R, et al. 2008. Mass balance of a slope glacier on Kilimanjaro and its sensitivity to climate. International Journal of Climatology: A Journal of the Royal Meteorological Society, 28 (7): 881-892.

Munro D S, Young G J. 1982. An operational net shortwave radiation model for glacier basins. Water Resources Research, 18 (2): 220-230.

Müller-Wilm U, Louis J, Richter R, et al. 2013. Sentinel-2 Level-2A Prototype Processor: Architecture, Algorithms and First Results. ESA Living Planet Symposium, Edinburgh, UK.

Munro D S, Young G J. 1982. An operational net shortwave radiation model for glacier basins. Water Resources Research, 18 (2): 220-230.

Naegeli K, Damm A, Huss M, et al. 2017. Cross-Comparison of Albedo Products for Glacier Surfaces Derived from Airborne and Satellite (Sentinel-2 and Landsat 8) Optical Data. Remote Sensing, 9 (2): 110.

Oerlemans J, Knap W H. 1998. A 1 year record of global radiation and albedo in the ablation zone of Morteratschgletscher, Switzerland. Journal of Glaciology, 44 (147): 231-238.

Oerlemans J, Klok E J. 2002. Energy balance of a glacier surface: analysis of automatic weather station data from the Morteratschgletscher, Switzerland. Arctic, Antarctic, and Alpine Research, 34 (4): 477-485.

Paul F, Winsvold S H, Kääb A, et al. 2016. Glacier remote sensing using sentinel-2. Part II: mapping glacier extents and surface facies, and comparison to Landsat 8. Remote Sensing, 8 (7): 575.

Richter R. 1998. Correction of satellite imagery over mountainous terrain. Applied Optics, 37 (18): 4004-4015.

Schläpfer D, Borel C C, Keller J, et al. 1998. Atmospheric Precorrected Differential Absorption Technique to Retrieve Columnar Water Vapor. Remote Sensing of Environment, 65 (3): 353-366.

Sola Ion, García-Martín Alberto, Sandonís-Pozo L, et al. 2018. Assessment of atmospheric correction methods for Sentinel-2 images in Mediterranean landscapes. International Journal of Applied Earth Observation & Geoinformation, 73: 63-76.

Sun W, Qin X, Du W, et al. 2014. Ablation modeling and surface energy budget in the ablation zone of Laohugou glacier No. 12, western Qilian mountains, China. Annals of Glaciology, 55 (66): 111-120.

Vastag B. 2009. The melting snows of Kilimanjaro. Nature Medicine, 291 (5509): 1690-1.

Wendler G, Ishikawa N. 1974. The effect of slope, exposure and mountain screening on the solar radiation of McCall Glacier, Alaska: a contribution to the International Hydrological Decade. Journal of Glaciology, 13 (68): 213-226.

Yang K, Huang G W, Tamai N. 2001. A hybrid model for estimating global solar radiation. Solar Energy, 70 (1): 13-22.

Yang K, Koike T, Ye B. 2006. Improving estimation of hourly, daily, and monthly solar radiation by importing global data sets. Agricultural and Forest Meteorology, 137 (1): 43-55.

Zhang Y, Li X, Wen J, et al. 2015. Improved topographic normalization for Landsat TM images by introducing the MODIS surface BRDF. Remote Sensing, 7 (6): 6558-6575.

Zhang Y, Zhao J. 2016. Sensitivity Analysis of Estimating Shortwave Solar Radiation to the DEM Spatial Scale. IGARSS: 4375-4378.

Zhu M, Yao T, Yang W, et al. 2015. Energy-and mass-balance comparison between Zhadang and Parlung No. 4 glaciers on the Tibetan Plateau. Journal of Glaciology, 61 (227): 595-607.

# 第七章 结论与展望

地表短波净辐射反映了地表–大气系统中地表吸收太阳短波辐射能力，是陆面过程模型、能量与水循环等模型的重要参数。遥感数据是地表短波净辐射估算的重要数据源，全球尺度遥感估算地表短波净辐射的算法已比较成熟，很多产品也已经向全球用户免费发布。然而，在中小尺度，地表短波净辐射除了受太阳–地表几何关系、大气光学因素影响外，还会受到坡度、坡向等地形因素的影响。因此，辐射传输模型结合遥感与 DEM 数据成为山区短波净辐射研究的重要方法。

本书利用前人研究成果，借助高分辨率 DEM、TM 影像和 MODIS 大气产品，发展了一种山地短波净辐射估算模型。同时，针对山地冰川表面特征变化快、Landsat TM 数据对冰雪反射具有饱和现象以及 MODIS 气溶胶产品在该区域通常是无效值等特点，本书将 Sentinel-2 数据代替 MODIS 和 Landsat 数据，获得了山地冰川表面短波净辐射时空变化特征。主要研究成果如下。

（1）发展了一种晴空条件下，基于高分辨 DEM 数据、MODIS 水汽与气溶胶大气产品，结合山区辐射传输模型的太阳短波入射辐射估算方法。山区太阳短波总辐射由太阳直接辐射、散射辐射和周围地形反射辐射组成，三个分量计算均受到大气与地形条件的影响。选择了 56 个晴空数据，将模型估算值与大野口流域关滩森林站和马莲滩草地站两个气象观测站点值相比较，RMSD% 均小于 10%。

（2）在 AMBRALS 基础上考虑坡度与坡向因素，建立了山区 BRDF 核线性驱动模型。Ross Thick 核函数与 Li Sparse 核函数是太阳照射角和传感器观测角的函数。在有限面积的平坦区域，Ross Thick 核函数与 Li Sparse 核函数都是固定值；然而在地形复杂的山区，由于每个坡元实际太阳照射角和传感器观测角随地形而变化，从而使得 Ross Thick 核函数与 Li Sparse 核函数随地形而发生变化。在前人研究基础上，将坡度、坡向引入地表 BRDF 模型，获得山区地表 BRDF 模型。

（3）将 MODIS 光学产品和地表 BRDF 模型引入遥感影像标准化模型中。在高分辨率 DEM 基础上，利用 MODIS BRDF 核系数产品、MODIS 大气产品，基于山区辐射传输模型对 TM 影像进行地形标准化。结果表明，本地形标准化模型校正效果较好，同步进行大气校正与地形校正后，能更准确地反演地表反射率。

（4）探索遥感影像地形校正中 DEM 空间尺度效应。DEM 数据是地表短波净辐射估算的基础数据，其空间分辨率对 TM 影像地形校正和太阳下行辐射通量估算均产生影响。本研究基于 5m DEM 数据，首先基于山区辐射前向模型模拟了 30m、90m、250m 和 500m 4 种不同空间分辨率的 TOA 辐射亮度模拟影像。然后利用 5–500m 不同空间尺度的 6 种 DEM 数据分别对模拟影像进行地形校正。结果表明，DEM 分辨率越高，对遥感影像地形校正效果越好。实验结果显示，在山区基于子像元尺度 DEM 数据对遥感影像进行地形校正，可以提高模拟影像地形校正精度。为了进一步验证基于子像元尺度 DEM 及地形因子对实际遥感影像地形校正效果，利用 5m 子像元尺度 DEM 和 30m 像元尺度 DEM 数据分别对三个时相 TM 遥感影像进行了地形校正。结果发现，子像元尺度 DEM 及地形因子的确可以提高地形校正效果，但同时也给校正后的影像带了噪声。因此，基于子像元尺度 DEM 数据对遥感影像进行地形校正有待进一步深入研究。

（5）在太阳短波入射辐射和遥感影像地形标准化研究基础上，本书以大野口流域为例，估算了 9 个晴空条件下 MODIS 上午星 Terra 过境时刻的地表短波净辐射空间分布。三个典型时相的估算结果表明，研究区地表短波净辐射具有较强的时空异质性。反演结果与关滩森林站和马莲滩草地站两个站点地面观测值较为一致，$R^2$ 为 0.756，MBE 与 MBE% 分别为 -72.5W/m$^2$ 与 -8.8%，RMSD 与 RMSD% 分别为 84.0W/m$^2$ 和 10.1%。统计结果对比发现，利用该方法可以精确估算山区地表短波净辐射。地表短波净辐射反演精度同时会受地表反照率反演和太阳短波辐射估算两个步骤的共同影响。相对而言，太阳短波辐射估算结果存在低估，MBE% 为 -7.0%，而地表反照率反演结果总体偏高，MBE% 为 11.7%。两者综合因素使得地表短波净辐射低估程度加大，使得 MBE% = -8.8%。

（6）利用 Sentinel-2 数据的高空间分辨率、高辐射分辨率以及高波谱分辨率等特征，将其代替 MODIS 和 Landsat TM 数据，获得老虎沟 12 号冰川太阳短波辐射时空变化特征。冰面两个观测站点结果验证表明，本书山地辐射估算方案结合 Sentinel-2 数据能够精确估算山地冰川表面太阳短波辐射，其中 $R^2$ = 0.864，RMSD% = 7.9%，MBE 为 -16.0W/m$^2$。然后，利用欧空局官方网站提供的地形标准化模型 Sen2Cor，结合高分辨率 DEM 数据，通过修改模型的默认配置参数，从而将大气表观反射率 L1C 产品转换为地表反射率产品 L2C，且这种用户自定义产品的地表反射率产品优于默认设置处理的产品质量。获得地表窄波段光谱反射率数据后，比较分析了国内外常用的 7 种针对冰雪的反照率转换公式，发现针对干净冰雪的 Gratton-clean 窄波段至宽波段转换结果最好。最后获得了一个冰川物质平衡年的 60 个晴空日的 Sentinel-2 过境时刻冰川表面短波净辐射时空分布数据。

本书在大气波谱与宽波段大气透过率计算、地表 BRDF 特性以及遥感影像地形校正等方面进行了改进。虽然取得了一定的阶段性成果，但由于山区地表短波净辐射的复杂性，仍然存在一些亟待解决的问题。尤其是对于山地冰川表面短波净辐射估算精度较低。主要原因在于冰川表面太阳短波辐射遥感估算结果低估，而冰/面反照率高估，根据地表短波净辐射计算公式（式（1.1）），最终加剧了冰川表面短波净辐射遥感结果的低估现象。

山区小气候多变，水汽和气溶胶时空异质性较强。因此，空间分辨率更高、精度更可靠的水汽和气溶胶大气产品成为山区太阳辐射估算的精度保障。现有的 MODIS 较低空间分辨率的气溶胶光学厚度、浑浊度指数和大气可降水厚度大大降低了大气透过率估算精度。尽管 Sentinel-2 数据能够提高大气水汽和气溶胶产品精度，但从地面观测数据结果验证来看，太阳短波辐射遥感估算结果仍然存在低估现象，且由于冰川反照率的高估，最终加剧了山地冰川短波净辐射低估现象。因此，一方面期待将来有分辨率更高、精度更加可靠的大气产品生产，另一方面随着卫星遥感提取地表高程能力的提高，希望更高时空分辨率 DEM 数据的免费发布，为进一步提高山地短波净辐射估算精度。

　　尽管基于高分辨率 DEM 数据，探究了 TM 模拟影像研究地形校正中的尺度效应，并且得出了一些有意义的结论，如地形校正必须借助子像元尺度的 DEM 数据才能获得理想校正结果。然而，在子像元尺度校正真实 TM 影像时发现，虽然能得到比像元尺度更佳的地形校正效果，但同时也带来了噪声。这是因为实际 TM 遥感影像成像机理要比正向模拟影像复杂得多，此时由子像元 DEM 及地形因子生成用于地形校正的像元尺度 DEM 及地形因子，利用三次卷积等空间插值等方法并不能有效发挥子像元尺度 DEM 的作用，需要借助传感器点扩散函数，并考虑像元内部多次散射对像元的贡献等。因此，如何真正有效发挥高分辨率 DEM 在遥感影像地形校正中的作用，有待进一步深入研究。

# 附录 名 词 表

| 分类 | 符号 | 参数 |
|---|---|---|
| 辐射 | DSSR | 入射的太阳短波辐射（$W/m^2$） |
| | NSSR | 地表短波净辐射（$W/m^2$） |
| | $E_0$ | 大气顶太阳辐射（$W/m^2$） |
| | $E$ | 太阳短波辐射（$W/m^2$） |
| | $E_{dir}$ | 直接辐射（$W/m^2$） |
| | $E_{dif}$ | 散射辐射（$W/m^2$） |
| | $E_{iso\_dif}$ | 各向同性散射辐射（$W/m^2$） |
| | $E_{aniso\_dif}$ | 各向异性散射辐射（$W/m^2$） |
| | $E_{ref}$ | 周围地形反射辐射（$W/m^2$） |
| | $E_{dif}^{hor}$ | 水平地表散射辐射（$W/m^2$） |
| | $L_{TOP}(\lambda)$ | 大气顶辐射亮度/传感器接收的辐射亮度 |
| | $L_p(\lambda)$ | 程辐射 |
| | $L(\lambda)$ | 地表反射辐射亮度 |
| 太阳/传感器参数 | $s$ | 太阳方位角 |
| | $\theta_s$ | 太阳天顶角 |
| | $\varphi_v$ | 传感器观测方位角 |
| | $\theta_v$ | 传感器观测天顶角 |
| | $I_0$ | 太阳常数（$W/m^2$） |
| | $D_0$ | 日地距离订正因子 |
| | $d_n$ | 日序 |
| | $\psi$ | 日角（rad） |
| | DN | 影像灰度值 |
| | gain | 传感器定标系数-增益 |
| | offset | 传感器定标系数-偏移 |
| 气参数 | TOA | 大气顶 |
| | $T(\lambda, \theta_v)$ | 传感器观测方向上波谱大气透过率 |
| | $T_b(\theta_s)$ | 直射辐射透过率 |
| | $T_d(\theta_s)$ | 散射辐射透过率 |
| | $T_r(\theta_s)$ | 瑞利散射透过率 |

续表

| 分类 | 符号 | 参数 |
|---|---|---|
| 气参数 | $T_{o3}(\theta_s)$ | 臭氧吸收透过率 |
| | $T_w(\theta_s)$ | 水汽吸收透过率 |
| | $T_a(\theta_s)$ | 气溶胶透过率 |
| | $T_g(\theta_s)$ | 稳定气体透过率 |
| | $m(\theta_s)$ | 大气质量 |
| | AOD | 气溶胶光学厚度 |
| | PW | 大气可降水厚度（cm） |
| | $T(\lambda, \theta_v)/T_v$ | 地表–传感器观测方向大气透过率 |
| | $T(\lambda, \theta_s)/T_s$ | 太阳–地表方向大气透过率 |
| | $\rho_T(\lambda)$ | 方向–方向反射率 |
| | $\rho_{Tsd}(\lambda)$ | 半球–方向反射率 |
| | $\tau_\lambda$ | 波长 λ 处光学厚度 |
| | $\alpha$ | Ångström 波长指数 |
| | $\beta$ | Ångström 大气浑浊度指数 |
| 地形参数 | $Z$ | 地表高程 |
| | HT | 等温大气标高（m） |
| | DEM | 数字高程模型 |
| | BRDF | 二向反射分布函数 |
| | RPC | 有理多项式系数 |
| | $S$ | 坡度 |
| | $A$ | 坡向 |
| | $i_T$ | 角度阈值 |
| | $i_s$ | 坡元（局地）太阳照射天顶角 |
| | $\varphi_s$ | 坡元（局地）太阳照射方位角 |
| | $i_v$ | 坡元传感器实际观测天顶角 |
| | $\varphi_v$ | 坡元传感器实际观测方位角 |
| | $\varphi_{s-v}$ | 坡元太阳与传感器相对方位角 |
| | $\varphi_{s-v}$ | 平坦地表太阳与传感器相对方位角 |
| | $\rho_T$ | 坡地反射率 |
| | $\rho_H$ | 平地反射率 |
| | $\rho_T(\lambda)\,(i_s, i_v, \varphi_{s-v})$ | 坡面方向–方向反射率 |
| | $\rho_H(\lambda)\,(\theta_s, \theta_v, \varphi_{s-v})$ | 平坦地表方向–方向反射率 |
| | $\Omega(\lambda)\,(i_s, i_v, \varphi_{s-v}, \theta_s, \theta_v, \varphi_{s-v})$ | 坡元 BRDF 归一化方向反射因子 |
| | $V_s$ | 遮蔽系数 |

续表

| 分类 | 符号 | 参数 |
|------|------|------|
| 地形参数 | $cosi_s$ | 坡元太阳实际照射角余弦值 |
| | $V_{iso}$ | 天空可视因子 |
| | $F_{ij}$ | 地形结构因子 |
| | $K$ | 环日因子或各向异性指数 |
| | $\alpha(albedo)$ | 地表反照率（蓝空反照率） |
| | $\alpha_b$ | 黑空反照率 |
| | $\alpha_w$ | 白空反照率 |